高等职业教育"互联网+"创新型系列教材

机器人焊接

主　编　崔海　兰虎　樊俊

副主编　邵金均　高婷婷　何呈娟　余淑江

参　编　何　木　吕兴荣　沈莹吉　刘福国
　　　　刘　阳　伍春毅　杨琪琪　李云霞

主　审　邱葭菲

本书是面向智能制造工程技术人员新职业，结合培养复合型高技术人才的实践教学特点，并融入编者十余载对工业（焊接）机器人焊接应用的实践总结及教学经验编写的。

全书共分为八个项目，包含探寻工业机器人的庐山真面目、揭开焊接机器人的神秘面纱、初识焊接机器人的任务编程、设置焊接机器人的工具坐标系、板－板对接接头机器人平焊及其优化、骑坐式管－板T形接头机器人平角焊及其优化、板－板T形接头机器人立角焊及其优化以及焊接机器人工艺辅助设备的编程与调试，囊括机器人焊接作业的运动轨迹、工艺条件和动作次序等核心操作与编程技术。每个项目下设两个学习任务，通过"学习目标""学习导图""灯塔传承""任务提出""知识准备""任务分析""任务实施""任务评价""任务拓展""拓展阅读""知识测评"等十余项教学环节设计，促进智能（焊接）机器人装备与产线应用领域的素养提升、知识学习和技能训练达成。

为方便"教"和"学"，本书配套课程大纲、多媒体课件、知识测评答案、仿真及微视频动画（采用二维码技术呈现，扫描二维码可直接观看视频内容）等数字资源包，凡选用本书作为授课教材的教师均可登录机械工业出版社教育服务网 (http://www.cmpedu.com) 注册后免费下载。

本书内容丰富、结构清晰、形式新颖、术语规范，既适合作为职业院校工业机器人技术、智能焊接技术、船舶智能焊接技术等装备制造大类专业的教材和企业培训用书，也可作为职业院校和成人教育学校同类专业学生的实践选修课教材，还可供工程技术人员参考。

图书在版编目（CIP）数据

机器人焊接 / 崔海，兰虎，樊俊主编 . —北京：机械工业出版社，2024.3
高等职业教育"互联网＋"创新型系列教材
ISBN 978-7-111-75271-4

Ⅰ. ①机⋯　Ⅱ. ①崔⋯ ②兰⋯ ③樊⋯　Ⅲ. ①焊接机器人－高等职业教育－教材　Ⅳ. ① TP242.2

中国国家版本馆 CIP 数据核字（2024）第 050272 号

机械工业出版社（北京市百万庄大街 22 号　邮政编码 100037）
策划编辑：王海峰　　　　　责任编辑：王海峰　赵文婕
责任校对：杜丹丹　张　薇　　封面设计：王　旭
责任印制：常天培
北京机工印刷厂有限公司印刷
2024 年 5 月第 1 版第 1 次印刷
184mm×260mm · 16.25 印张 · 342 千字
标准书号：ISBN 978-7-111-75271-4
定价：65.00 元

电话服务　　　　　　　　　网络服务
客服电话：010-88361066　　机　工　官　网：www.cmpbook.com
　　　　　010-88379833　　机　工　官　博：weibo.com/cmp1952
　　　　　010-68326294　　金　书　网：www.golden-book.com
封底无防伪标均为盗版　　　机工教育服务网：www.cmpedu.com

PREFACE 前言

党的二十大报告提出:"推动战略性新兴产业融合集群发展,构建新一代信息技术、人工智能、生物技术、新能源、新材料、高端装备、绿色环保等一批新的增长引擎。"当前,我国经济已由高速增长阶段转向高质量发展阶段,急需源源不断的大国工匠和高技能人才,提供人力资源和智力支持。本书准确把握当前科技革命和产业变革蓄势待发,特别是智能机器人技术加速演进背景下职业教育改革发展内外部环境发生的深刻变化,通过工业机器人教材体系设计、知识模块重构、项目任务驱动和数字资源赋能等系统化建设,提高智能及高端装备制造战略性新兴产业人才自主培养质量。

当前,机器人产业蓬勃发展,正极大地改变着人类生产和生活方式,为经济社会发展注入强劲动力。通过持续创新、深化应用,全球机器人产业规模快速增长,集成应用大幅拓展。自2013年以来,我国工业机器人市场已连续八年稳居全球第一,2020年制造业机器人密度达到246台/万人,是全球平均水平的近2倍。《"十四五"机器人产业发展规划》明确指出,进一步拓展机器人应用的深度和广度,开展深耕行业应用、拓展新兴应用、做强特色应用的"机器人+"应用专项行动,力争"十四五"期间我国制造业机器人密度实现翻番。

然而,目前我国智能及高端装备制造领域综合素质高、专业技术全面、技能熟练的大国工匠和高技能焊接人才匮乏,这或将成为制约创新驱动发展和制造强国建设的"卡脖子"难题。中国工程院院士周济指出,从系统构成的角度看,智能制造系统也始终都是由人、信息系统和物理系统协同集成的人-信息-物理系统,其中制造是主体、智能是主导、人是主宰。新一代智能制造更加突出人的中心地位。智能制造场景之创新、技术之融合、协同之丰富对产业技术技能人才提出了极高要求,不仅需要具备数字技术与生产制造的跨领域知识储备,而且需要懂得如何与机器或数字化工具协同工作,还需要在机器或数字语言与实际制造场景做好"翻译",如此素质高、专业技术全面、技能熟练的大国工匠和高技能焊接人才虚位以待、高薪难求已是不争的事实。

在此背景下,根据全国机械职业教育教学指导委员会新颁布的教学标准,结合素质高、专业技术全面、技能熟练的大国工匠和高技能焊接人才培养的教学诉求,融入编者十余载对机器人焊接应用的实践总结及教学经验,通过产教深度融合、校际紧密合作的生态协同形式编写了本书。

本书特点如下：

（1）瞄准智造职业方向，做"好"教材顶层设计　根据工业机器人操作运维人员等国家职业技术技能标准，面向智能（焊接）机器人装备与产线应用领域方向，构建体现新时代类型特色的精品套系教材。截至目前，已出版的系列教材有《工业机器人基础》《工业机器人技术及应用（第2版）》《工业机器人编程》《焊接机器人编程及应用（第2版）》《焊接机器人编程与维护》等。

（2）立足课证赛岗融通，做"优"任务知识体系　及时将行业企业的焊接新技术、新工艺、新装备等创新要素纳入课程教学内容，将高校、企业承办的热点焊接赛事和工程案例等编入教材，深度对接教育部1+X证书制度试点工作，通过机器人与焊接工艺深度融合、通用行业知识与专业品牌实践深度融通，辅以项目任务驱动，打破传统学科知识体系的实践导向教材编写体例，强化课程教材的科学性、前瞻性和适应性。

（3）增强学习过程互动，做"活"理实虚一体化　遵循职业岗位工作过程，以学生学习过程为中心，为书中每个项目设置"学习目标""学习导图""灯塔传承"等十余项互动教学环节，让教学方法"活"起来。"学习目标"与"学习导图"，给学生一张标有目的地的"知识地图"，便于学生梳理项目知识点之间的内在联系，不断激发学生的求知欲；"灯塔传承"，用社会主义核心价值观铸魂育人，培养学生精益求精的工匠精神和良好的社会责任感；"任务提出"与"知识准备"，提炼与项目内容相适应的工程案例和知识储备，由任务需求牵引，激发学生的学习兴趣；"任务分析"与"任务实施"，针对项目任务要求，学生可以"做中学""学中做"，培养学生的工程思维和实践能力；"任务评价"，根据工程质量标准，真实评价工作效果，培养学生的质量意识；"任务拓展"，设置开放性问题或任务，供学生开展研讨，培养学生的语言表达能力和批判精神；"拓展阅读"，介绍项目涉及领域的前沿技术和软件工具等内容，方便学生开展探索式学习；"知识测评"，对项目的重要知识点进行练习测试，也方便学生期末复习。

（4）面向移动泛在学习，做"强"立体资源配套　主动适应"互联网+"发展新形势，广泛谋求校企、校际合作，采取多元合作，共同开发富媒体新形态教材。借助校企合作，共建工业机器人产教融合实训基地，集聚典型工程案例、竞赛任务和微视频等数字教学资源。书中所有任务均源自工程案例和竞赛任务，并配套有课程大纲、多媒体课件、知识测评答案、仿真及微视频动画等教学资源，方便学生随时随地观看和学习，有效夯实教材的实用性。

本书由浙江纺织服装职业技术学院崔海和浙江师范大学兰虎、樊俊任主编，浙江机电职业技术学院邱葭菲担任主审。项目1由崔海编写，项目2、项目3由兰虎编写，项目4由樊俊和杭州第一技师学院何木共同编写，项目5由义乌工商职业技术学院余溆江和浙江师范大学伍春毅共同编写，项目6由浙江纺织服装职业技术学院高婷婷和刘福国共同编写，项目7由嘉兴技师学院何呈娟、平度市技师学院刘阳和浙江师范大学李云霞共同编写，项目8由浙江师范大学邵金均和杨琪琪共同编写。全书由兰虎统稿，浙江纺织服装职业技术学院吕兴荣和沈莹吉负责配套数字资源包开发。

  从体系构建、内容构思、大纲起草、案例消化、样章编写、编委组建、合稿修稿、定稿出版，本书的开发工作历时两年之久，衷心感谢参与本书编写的所有同仁的呕心付出！特别感谢浙江省高等教育"十四五"教学改革项目、宁波摩科机器人科技有限公司重大课题（2020330701000590）和浙江纺织服装职业技术学院教材建设基金等给予的经费支持！感谢宁波摩科机器人科技有限公司宋星亮、刘从胜等给予的教材资源支持！

  由于编者水平有限，书中难免有不当之处，恳请读者批评指正，可将意见和建议反馈至 E-mail：lanhu@zjnu.edu.cn。

编 者

二维码索引

名称	图形	页码	名称	图形	页码
蒋新松：中国机器人事业的奠基人、开拓者		2	七轴工业机器人		31
重载型工业机器人		5	工业机器人的运动控制		41
并联式机器人		7	FANUC 焊接机器人		44
FANUC 工业机器人		13	智能协作机器人焊接		51
工业机器人的分类		22	易冉：焊花闪耀，映照工匠精神		55
智能制造与工业机器人		24	FANUC 机器人示教盒按键名称及功能		58
高凤林：跟产品"结婚"的"金手天焊"		27	FANUC 机器人示教盒状态栏指示灯的名称及含义		59

（续）

名称	图形	页码	名称	图形	页码
焊接机器人任务程序备份与加载		64	焊接机器人工件（用户）坐标系的设置		108
机器人左焊法和右焊法		70	机器人平角焊路径规划		111
机器人运动轨迹示教		71	艾爱国："好焊工"的不老传说		119
机器人平板堆焊任务编程		74	机器人平焊运动规划		132
机器人平板堆焊工艺调试		80	机器人平焊任务编程		137
焊接机器人离线仿真		82	焊接机器人运动指令要素		143
孙红梅：手执焊枪的"花木兰"		86	机器人平焊工艺调试		148
工业机器人系统运动轴的类别		87	焊接机器人功能软件包设置		150
机器人工具坐标系的设置		101	李万君：平凡的工匠 非凡的大师		154

（续）

名称	图形	页码	名称	图形	页码
骑坐式管-板T形接头机器人平角焊的运动轨迹示教步骤		164	机器人立角焊任务编程		190
机器人平角焊运动规划		164	机器人立角焊工艺调试		191
机器人平角焊任务编程		165	焊接机器人的摆动条件设置		201
机器人平角焊工艺调试		175	郑志明：推动中国智能制造走向世界		205
焊丝使用量的监控		176	机器人系统附加轴的集成方式		207
张冬伟："焊"出天衣无缝		179	空间曲线轨迹的工业机器人系统运动轴联动		208
机器人圆弧摆动轨迹示教		183	机器人船形焊姿态规划		213
机器人立角焊运动规划		189	机器人船形焊运动规划		215
板-板T形接头机器人立角焊的运动轨迹示教步骤		190	骑坐式管-板T形接头机器人船形焊的运动轨迹示教步骤		216

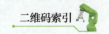

（续）

名称	图形	页码	名称	图形	页码
机器人船形焊任务编程		216	机器人焊枪自动清洁（喷油）的运动轨迹示教步骤		234
多机器人协调（同）焊接		219	机器人自动剪丝和焊枪自动清洁任务编程		241
机器人自动剪丝和焊枪自动清洁运动规划		224	焊接机器人专用I/O信号		243
机器人焊枪自动剪丝的运动轨迹示教步骤		233			

CONTENTS 目 录

前言
二维码索引

项目 1 放眼世界，探寻工业机器人的庐山真面目 ·················· 1

    任务 1.1　走进工业机器人 ·················· 3
        1.1.1　工业机器人概述 ·················· 3
        1.1.2　工业机器人的机械结构 ·················· 9

    拓展阅读　FANUC 工业机器人 ·················· 12

    任务 1.2　认知工业机器人系统 ·················· 13
        1.2.1　工业机器人的系统组成 ·················· 13
        1.2.2　工业机器人的分类及应用 ·················· 20

    拓展阅读　智能制造与工业机器人 ·················· 24

项目 2 初窥门径，揭开焊接机器人的神秘面纱 ·················· 26

    任务 2.1　再探焊接机器人系统 ·················· 28
        2.1.1　焊接机器人的常见分类 ·················· 28
        2.1.2　焊接机器人的系统组成 ·················· 29
        2.1.3　焊接机器人的工作原理 ·················· 39

拓展阅读　FANUC 焊接机器人 ·· 44

任务 2.2　熟知焊接机器人安全常识 ·· 44
 2.2.1　安全防护装置 ·· 44
 2.2.2　常见安全标志 ·· 45
 2.2.3　安全操作规程 ·· 47
 2.2.4　焊接劳保用品 ·· 48

拓展阅读　智能协作机器人焊接 ·· 51

项目 3　小试牛刀，初识焊接机器人的任务编程 ·········· 53

任务 3.1　创建机器人焊接任务程序 ·· 55
 3.1.1　焊接机器人系统通电 ·· 55
 3.1.2　示教盒的按键布局 ·· 57
 3.1.3　示教盒的界面窗口 ·· 58
 3.1.4　机器人任务程序创建 ·· 61

拓展阅读　焊接机器人任务程序备份与加载 ··· 64

任务 3.2　编制机器人平板堆焊任务程序 ·· 64
 3.2.1　焊接机器人的编程内容 ·· 65
 3.2.2　焊接机器人的编程方法 ·· 66
 3.2.3　焊接机器人的轨迹示教 ·· 68
 3.2.4　机器人焊接区间的示教 ·· 72

拓展阅读　焊接机器人离线仿真 ·· 82

项目 4　蓄势待发，设置焊接机器人的工具坐标系 ········ 84

任务 4.1　机器人工具坐标系设置 ·· 86

4.1.1　焊接机器人系统运动轴 …………………………………………… 87

  4.1.2　焊接机器人系统坐标系 …………………………………………… 91

  4.1.3　焊接机器人的点动方式 …………………………………………… 96

  4.1.4　工具坐标系的设置方法 …………………………………………… 99

拓展阅读　焊接机器人工件（用户）坐标系的设置 …………………………… 108

任务 4.2　点动机器人沿板 – 板 T 形接头角焊缝运动 ……………………… 108

  4.2.1　T 形接头平角焊焊枪姿态规划 …………………………………… 109

  4.2.2　机器人焊枪姿态显示 ……………………………………………… 110

项目 5　再接再厉，板 – 板对接接头机器人平焊及其优化 ……………… 118

任务 5.1　板 – 板对接接头机器人平焊任务编程 …………………………… 120

  5.1.1　机器人直线焊接轨迹示教 ………………………………………… 120

  5.1.2　机器人焊接条件示教 ……………………………………………… 122

  5.1.3　机器人焊接动作次序示教 ………………………………………… 128

  5.1.4　机器人焊接任务程序验证 ………………………………………… 131

任务 5.2　板 – 板对接接头机器人平焊工艺优化 …………………………… 138

  5.2.1　对接焊缝的成形质量 ……………………………………………… 139

  5.2.2　焊接机器人编程指令 ……………………………………………… 141

  5.2.3　机器人任务程序编辑 ……………………………………………… 144

拓展阅读　焊接机器人功能软件包设置 ……………………………………… 150

项目 6　行稳致远，骑坐式管 – 板 T 形接头机器人平角焊及其优化 …… 153

任务 6.1　骑坐式管 – 板 T 形接头机器人平角焊任务编程 ………………… 155

  6.1.1　机器人圆弧焊接轨迹示教 ………………………………………… 155

  6.1.2　机器人连弧焊接轨迹示教 ………………………………………… 157

6.1.3 机器人圆周焊接轨迹示教 160
6.1.4 骑坐式管-板平角焊焊枪姿态规划 162

任务 6.2 骑坐式管-板T形接头机器人平角焊工艺优化 169
6.2.1 T形接头角焊缝的成形质量 170
6.2.2 机器人圆弧运动指令 172

拓展阅读 焊丝使用量的监控 176

项目 7 大显身手，板-板T形接头机器人立角焊及其优化 178

任务 7.1 板-板T形接头机器人立角焊任务编程 180
7.1.1 摆动电弧与摆动焊道 180
7.1.2 机器人直线摆动轨迹示教 181
7.1.3 机器人焊枪摆动参数配置 183
7.1.4 立角焊机器人焊枪姿态规划 187

任务 7.2 板-板T形接头机器人立角焊工艺优化 195
7.2.1 机器人摆动运动指令 195
7.2.2 机器人摆动轨迹测试 197

拓展阅读 焊接机器人的摆动条件设置 201

项目 8 未来可期，焊接机器人工艺辅助设备的编程与调试 203

任务 8.1 骑坐式管-板T形接头机器人船形焊及其优化 205
8.1.1 机器人系统附加轴的联动 206
8.1.2 机器人系统附加轴的点动方式 209
8.1.3 机器人系统附加轴的状态调整 211
8.1.4 骑坐式管-板船形焊焊枪姿态规划 212

拓展阅读 多机器人协调（同）焊接 219

任务 8.2　机器人焊枪自动清洁编程及调试 ································· 219
　　　　8.2.1　机器人焊枪自动清洁的动作次序 ································ 220
　　　　8.2.2　焊接机器人 I/O 信号 ·· 224
　　　　8.2.3　机器人信号处理指令 ·· 226
　　　　8.2.4　机器人流程控制指令 ·· 229

　　拓展阅读　焊接机器人专用 I/O 信号 ·· 243

参考文献 ·· 245

项目 1 放眼世界，探寻工业机器人的庐山真面目

　　自工业革命以来，人力劳动已逐渐被机械所取代，而这种变革为人类社会创造出巨大的财富，极大地推动了人类社会的进步。工业机器人的出现是人类在利用机械进行社会生产史上的一个里程碑。全球诸多国家半个多世纪的机器人使用实践表明，工业机器人的普及是实现生产自动化、提高生产率、推动企业和社会生产力发展的有效手段。

　　本项目参照 1+X "焊接机器人编程与维护"国家职业技能等级要求，通过介绍工业机器人及其系统组成，使学生熟知工业机器人的机械结构和常用术语，掌握工业机器人系统的核心要素和典型应用。根据焊接机器人编程员岗位工作内容，本项目共设置两项任务：一是工业机器人认知；二是工业机器人系统认知。

学习目标

素养提升

1）学习蒋新松敬业爱国的优良品质，弘扬爱国主义精神，培养学生建设祖国的责任感与使命感，形成文化自信。

2）通过对工业机器人先进制造装备和技术的认知学习，了解该领域的"卡脖子"问题，提升学生对专业知识的学习兴趣，增强学生对专业知识的学习动力。

3）通过拓展阅读，开阔视野，对 FANUC 工业机器人形成初步认识，并结合国家智能制造发展战略要求，领悟机器人发展在我国制造业的地位及机器人技术在智能制造中的作用。

知识学习

1）能够描述工业机器人的内涵及特征。

2）能够阐明发展工业机器人的缘由。

3）能够辨识工业机器人的系统组成部分。

学习导图

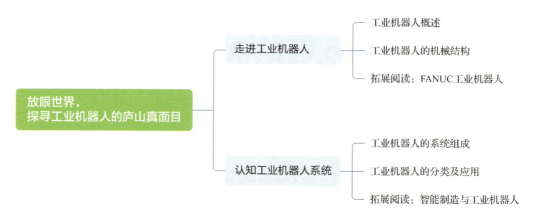

灯塔传承

蒋新松：中国机器人事业的奠基人、开拓者

【人物档案】蒋新松，机器人专家，战略科学家，1994年5月当选为中国工程院首批院士。生前系中国科学院沈阳自动化研究所所长，研究员，博士生导师，国家高技术研究发展计划自动化领域首席科学家。他牵头创建了国家机器人技术研究开发工程中心和中科院机器人学开放实验室，建立了机器人学研究及机器人技术工程化基地。1996年获中国工程院首届工程科技奖，先后获得全国科学大会成果奖、中国科学院重大成果奖、中国科学院科技进步一等奖等荣誉，并参加了国家高技术研究发展计划的制订。

蒋新松：中国机器人事业的奠基人、开拓者

在我国水下机器人的研制史上，记录着一页页辉煌的篇章："海人一号"实现了我国水下机器人零的突破；"瑞康四号"开创了我国近海石油勘探钻井首次使用国产机器人的成功纪录；"探索者一号"则刷新了深潜1000m纪录；中俄两国共同研制成功6000m水下机器人，使我国跻身于世界机器人研制的强国行列……短短十几年，我国水下机器人事业由梦想变为现实。这一连串耀眼的成果都与一个人的名字紧紧相连，他就是中国机器人科研事业的开拓者——蒋新松。（扫描二维码）

【青年寄语】生命总是有限的，要让有限的生命迸发出更大的光和热，让生命更有意义。

▶ 任务1.1 走进工业机器人

知识准备

1.1.1 工业机器人概述

（1）什么是工业机器人 机器人的问世已有几十年，其应用已渗透到人类生产和生活的方方面面，如今机器人已可以完成一些以前认为是不可能通过机器完成的事情。那么究竟什么才是工业机器人？现在，这个问题已经越来越难回答，究其原因，在于机器人涉及"机器"和"人"两个要素，其内涵和功能仍在快速发展和不断创新之中，成为一个暂时难以回答的哲学问题。对于工业机器人，各国科学家从不同角度出发，给出了不同的定义，以下为一些具有代表性的关于工业机器人的定义。

1）国际标准化组织（ISO）将工业机器人定义为"一种自动的、位置可控的、具有编程能力的多功能机械手，这种机械手具有几个轴，能够借助于可编程序操作来处理各种材料、零件、工具和专用装置，以执行种种任务"。

2）GB/T 12643—2013《机器人与机器人装备 词汇》将工业机器人定义为"一种自动控制的、可重复编程、多用途的操作机，可对三个或三个以上轴进行编程"。它可以是固定式或移动式，在工业自动化（包括但不限于制造、检验、包装和装配等）中使用。工业机器人包括操作机、控制器和某些集成的附加轴。

3）美国机器人协会将工业机器人定义为"一种用于移动各种材料、零件、工具和专用装置的，用可重复编制的程序动作来执行各种任务的多功能操作机"。

4）日本科学家森政弘与合田周平提出，"工业机器人是一种具有移动性、个体性、智能型、通用性、半机械半人性、自动性、奴隶性七个特征的柔性机器"。

作为先进制造业的关键支撑装备，工业机器人除拥有"机械"和"人"的两大属性外，还具有三个基本特征：一是结构化，工业机器人是在二维平面或三维空间模仿人体肢体动作（主要是上肢操作和下肢移动）的多功能执行机构，具有形式多样的机械结构类型，并非一定"仿人型"；二是通用性，工业机器人可根据生产需求灵活改变程序，控制"身体"完成一定的动作，具有执行不同任务的实际能力；三是智能化，工业机器人在执行任务时基本不依赖于人的干预，具有不同程度的环境适应能力，包括感知环境变化的能力、分析任务空间的能力和执行操作规划的能力等。

（2）为何发展工业机器人 深刻理解工业机器人概念后，大家不禁要问：人类为什么需要机器人？在当今世界，依然存在着许多仅靠人类自身力量无法解决的问题。首先，人工成本越来越高，而制造业追求的是低生产成本，企业需要采用机器人改变传统制造业依赖密集型廉价劳动力的生产模式；其次，人类社会老龄化问题越来越严重，但能够提供老龄化服务的人力资源却越来越少，人类需要使用智能机器提供优质服务，机器人则首当其冲；再者人类探索深海、太空等极端环境的活动越来越频繁，并且核事故、自然灾害、危险品爆炸以及战争等突发情况屡屡发生，而人类在此类环境中的生存能力低且代价高，需要机器人帮助人类完成仅依靠人力难以完成的任务。发展工业机器人的主要目的是在不违背"机器人三原则[一]"的前提下，让机器人协助或替代人类工作，把人类从劳动强度大、工作环境恶劣、危险性高的工作中解放出来，实现生产自动化和柔性化。目前，我国机器人产业正处于爆发的临界点（图1-1），人工成本的逐年上升，机器人购置与维护成本的逐年下降，人口老龄化程度的日趋加深，都将给以机器人为代表的"数字化劳动力"带来广阔的市场发展空间。

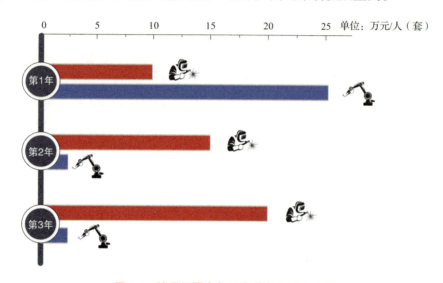

图1-1 使用机器人与工人的年均成本比较

（3）工业机器人的发展概况 "机器人"（Robot）一词是1920年由捷克著名剧作家、科幻文学家、童话寓言家卡雷尔·恰佩克首先提出的，它成为机器人的起源并一直沿用至今。1954年，美国人乔治·德沃尔（G. C. Devol）成功申请"通用机器人"专利。1959年，美国发明家约瑟夫·恩格尔伯格（J. F. Engelberger）研制出世界上首台真正意义上的工业机器人Unimate（图1-2）。该机器人外形酷似坦克炮塔，采用液压驱动的球面坐标轴控制，具有水平回转、上下俯仰和手臂伸缩三个自由度，可用于点对点搬运工作。1961年，美国通用汽车公司首次将Unimate应用于生产线，安置在压铸件叠放等部分工序上，这标志着第一代可编程控制再现型工业机器人的诞生。此后，机器人技术不断进步，产品不断更新换代，新的机型、新的功能不断涌现并活跃在不同领域。悉数国际主流的工业机器人产品，其发展方向无外乎两类：一是负载大、精度高、速度快的"超级机器人"；二是以柔性臂、双臂、人机协作等为代表的"灵巧机器

[一] "机器人三原则"是由美国科幻与科普作家艾萨克·阿西莫夫（Isaac Asimov）于1940年提出的机器人伦理纲领：第一，机器人不得伤害人类，也不得见人类受到伤害而袖手旁观；第二，机器人应服从人类的一切命令，但不得违反第一原则；第三，机器人应保护自身的安全，但不得违反第一、第二原则。

人"。下面通过历年荣获世界三大设计奖[一]的"四大家族"机器人创意产品,展示工业机器人的发展水平。

1)超级机器人。在汽车工业、铸造工业、玻璃工业以及建筑材料工业等领域,经常会遇到诸如大型铸件、混凝土预制件、发动机缸体、大理石石块等一些重型部件或组件的搬运作业,德国KUKA[2021年被我国美的(Midea)集团股份有限公司(后简称Midea公司)收购]和日本FANUC两家机器人制造商针对这一需求研制出各自的"明星级"重载型机器人。KR 1000 titan(图1-3a)是世界上第一款六轴重载型机器人,额定负载为1000kg(负载与自重之比约为0.2),位

图1-2 世界首台数字化可编程工业机器人 Unimate

姿重复性为±0.1mm,最大水平移动距离为3200mm,最大垂直移动距离为4200mm,工作空间达79.8m³;另一款额定负载超过1000kg的机器人为FANUC M-2000iA"(包含M-2000iA/900L、M-2000iA/1200、M-2000iA/1700L、M-2000iA/2300机型)。其中,M-2000iA/2300(图1-3b)的额定负载为2300kg(负载与自重之比约为0.2),位姿重复性为±0.3mm,最大水平移动距离为3700mm,最大垂直移动距离为4600mm。此款"黄色大力士"通过与Fanuc iRVision(内置视觉功能)组合搭配,可实现机器人作业的高可靠性。

a) KUKA KR 1000 titan　　　b) FANUC M-2000iA/2300

图1-3 重载型工业机器人

除像KR 1000 titan这样的重载型地面固定式机器人之外,还有KUKA omniMove、KMP1500、Triple Lift等重载型全向自主移动式机器人,主要用来实现船舶、航空航

[一] 素有"产品设计界的奥斯卡奖"之称的世界三大设计奖:德国"红点奖"(Red Dot Award)、德国"iF设计奖"和美国"IDEA 奖"(International Design Excellence Awards)。

天、风力发电、轨道交通等领域大尺寸产品的多品种、小批量灵活型生产。KUKA omniMove 移动平台（图 1-4）的轮系采用麦克纳姆轮[一]设计，其上装有的各个筒形滚轮可以相互独立移动，并使用激光雷达进行自主导航（无须地面人工标记），即使在狭窄的空间内也可以从静止状态瞬时沿任意方向灵活移动。基于良好的模块扩展能力，通过尺寸缩放调整，可以以毫米级精度运送长度约为 35m、宽度约为 10m、质量为 90000kg 的巨型部件。

图 1-4　重载型全向自主移动机器人 KUKA omniMove

2015 年，日本 Yaskawa 公司开发出迷你型工业用六轴台式机器人 MOTOMAN-MotoMINI（图 1-5a），本体质量仅为 7kg，额定负载为 0.5kg，位姿重复性为 ±0.02mm，最大水平移动距离为 350mm。与该公司 2013 年推出的额定负载为 2kg、高度为 0.57m、质量为 15kg 的紧凑多功能型机器人 MOTOMAN-MHJF（图 1-5b）相比，此款机器人大幅实现小型轻量化，动作速度也提高到原来的两倍以上，同时将特定动作的节拍缩短 25%，进一步满足了计算机、通信和其他消费类电子产品对柔性生产和灵活制造的需求。

a) MOTOMAN-MotoMINI　　　　　　　b) MOTOMAN-MHJF

图 1-5　小型轻量级工业机器人

[一]　麦克纳姆轮（Mecanum wheel）是瑞典麦克纳姆公司的专利，由瑞典工程师 Bengt Ilon 于 1973 年提出。这种轮子与普通车轮不同，它由一系列的小辊子（类似于车轮的轮胎）以一定的角度均匀地排列在轮体周围，轮体的转动由电动机驱动，而辊子则是在地面摩擦力的作用下被动地旋转。

在农副食品加工业、食品制造业、医药制造业、电气机械和器材制造业以及3C（计算机、通信和其他电子设备）制造业中，普遍存在着分拣、拾取、装箱和装配等大量的重复性工作。为此，以日本FANUC为代表的机器人公司推出适合轻工业高速搬运和装配用并联连杆机器人M-1iA（额定负载为0.5～1kg）、M-2iA（额定负载为3～6kg）和M-3iA（额定负载为6～12kg），如图1-6所示。FANUC高速并联连杆机器人（俗称"拳头"机器人）不仅可以被安装在狭窄的空间，而且可以被安装在任意倾斜角度上，采用完全密封的构造（IP69K）能够应对高压喷流清洗，通过视觉传感器（内置视觉功能FANUC iRVision）、力觉传感器与机器人功能的联动，可以实现智能化控制，扩大机器人在物流、装配、拾取及包装生产线的适用范围。

并联式机器人

a) FANUC M-1iA/1H

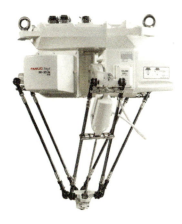

b) FANUC M-2iA/3S

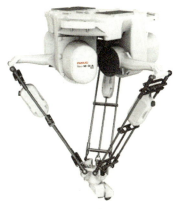

c) FANUC M-3iA/6A

图1-6　FANUC高速并联连杆机器人

2）灵巧机器人。 自2005年开始，日本Yaskawa公司通过在工业机器人"肘部"增加一个关节，陆续发布SIA系列的八款七轴驱动、再现人类肘部动作的"独臂"机器人产品（MOTOMAN-SIA30D，图1-7a），额定负载为5～50kg。在此基础上，Yaskawa公司又开发出模仿人类双臂结构和交互行为的六款SDA系列"双臂协作"机器人。MOTOMAN-SDA10D（图1-7b）拥有一个类似于腰部的回转轴及在回转轴上各有七轴驱动的双臂，每支手臂可握持10kg的重物（负载与自重之比约为0.1），单臂最大水平移动距离为700mm，最大垂直移动距离为1400mm，位姿重复性为±0.1mm，可以灵活地完成较为复杂的单臂动作和双臂组合动作，实现单臂机器人难以完成的动作及应用，如在较远工位间传递工件、快速翻转、协同装配和测试等。

在追求绿色、高效、安全和生产多样化的今天，新一代协作机器人将能够直接与人类员工并肩工作，实现互补协作。2014年，KUKA系列七轴轻型灵敏机器人LBR iiwa⊖的质量不超过30kg，但其手腕部可搬运的最大质量可达14kg，位姿重复性为±0.1mm。

⊖ LBR iiwa荣获2014年度美国"IDEA金奖"；荣获2014年度德国"红点最佳产品设计奖"。

通过与不同的机械系统组装，特别适用于柔性、灵活度和精准度要求较高的行业（如电子、精密仪器等）。为进一步提高产品在灵活度方面的强大优势，我国 Midea 公司还推出轻型移动式物流机器人 KUKA Mobile Robotics iiwa——一款由自主移动平台（AGV）搭载的轻型机器人（图 1-8a），能够实现按需抓取、分拣和运输任务，非常适合在空间狭窄、对机器人灵活性要求较高的场所工作，如拥挤的仓库、狭窄的走廊和船舱、设备密布的车间等。同年，瑞士 ABB 公司开发出集柔性机械手、进料系统、工件定位系统和高级运动控制系统于一体的协作型小件装配双臂机器人。作为全球首款真正实现人机协作的双臂机器人，YuMi⊖（ABB IRB 14000-0.5/0.5，图 1-8b）拥有一副轻量化的刚性镁铝合金骨架和被软性材料包裹的塑料外壳，能够很好地吸收外部的冲击，其紧凑型外观设计和仿生柔性协调动作，让其人类"伙伴"感到安全舒适。

a) MOTOMAN-SIA30D

b) MOTOMAN-SDA10D

图 1-7　单 / 双臂七轴工业机器人

a) KUKA Mobile Robotics iiwa

b) ABB IRB 14000-0.5/0.5

图 1-8　新一代人机协作机器人

⊖　YuMi 荣获 2015 年度德国"红点最佳产品设计奖"。

1.1.2 工业机器人的机械结构

（1）工业机器人的常用术语　机器人术语可以分为通用术语、机械结构、几何学和运动学、编程和控制、性能、感知与导航等方面。

1）操作机（Manipulator）：也称机器人本体，用来抓取和（或）移动物体，是由一些相互铰接或相对滑动的构件组成的多自由度机器。

2）末端执行器（End Effector）：为使机器人完成其任务而专门设计并安装在机械接口处的装置，如焊枪、焊钳、喷枪和夹持器等。

3）示教盒（Teach Pendant，TP）：也称示教编程器、示教器，与控制系统相连，用来对机器人进行编程或使机器人运动的手持式单元。

4）工具中心点（Tool Center Point，TCP）：参照机械接口坐标系，为一定用途而设定的点。

5）位姿（Pose）：空间位置和姿态的合称。操作机的位姿通常指末端执行器或机械接口的位置和姿态。

6）自由度（Degree of Freedom，DOF）：用以确定物体在空间中独立运动的变量（最大数为6），通常作为机器人的技术指标，反映机器人动作的灵活性，可用轴的直线移动、摆动或旋转动作的数目来表示。

7）工作空间（Working Space）：也称工作范围，工业机器人手腕参考点所能掠过的空间，是由手腕各关节平移或旋转的区域附加于该手腕参考点的。工作空间小于操作机所有活动部件所能掠过的空间。

8）额定负载（Rated Load）：也称持重，正常操作条件下作用于机械接口或移动平台且不会使机器人性能降低的最大负载，包括末端执行器、附件、工件的惯性作用力。

9）最大单轴（路径）速度 [Maximum Individual Axis（Path）Velocity]：单关节（单轴）速度是单个关节（轴）运动时指定点所产生的速度，单位为（°）/s。

10）位姿准确度（Pose Accuracy）：从同一方向趋近指令位姿时，指令位姿和实到位姿均值间的差值。

11）位姿重复性（Pose Repeatability）：从同一方向重复趋近同一指令位姿时，实到位姿散布的不一致程度。

（2）工业机器人的机械构形　机器人操作机的结构型式多种多样，完全根据任务需要而定，其追求的目标是高精度、高速度、高灵活性、大工作空间和模块化。工业机器人的机构特征可通过合适的坐标系加以描述，如三轴工业机器人可采用直角坐标、圆柱坐标、球坐标/极坐标，四轴及以上工业机器人可采用关节坐标。从全球机器人装机数量来看，直角坐标型机器人和关节型机器人应用更为普遍。

1）直角坐标型机器人。也称为笛卡儿坐标机器人（Cartesian Robot），如图1-9所示，它具有空间上相互独立垂直的三个移动轴，可以实现机器人沿 X 轴、Y 轴、Z 轴三个方向调整手臂的空间位置（手臂升降和伸缩动作），但无法变换手臂的空间姿态。作为一种成本低廉、结构简单的自动化解决方案，直角坐标型机器人一般用于机械零件的搬运、上下料、码垛作业。

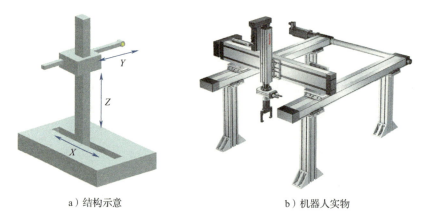

a）结构示意　　　　　　　　　b）机器人实物

图 1-9　直角坐标型机器人

2）圆柱坐标型机器人。圆柱坐标型机器人（Cylindrical Robot），如图 1-10 所示，它同样具有空间上相互独立垂直的三个运动轴，但其中的一个移动轴（X轴）被更换成转动轴，能实现机器人沿 θ 轴、r 轴、Z 轴三个方向调整手臂的空间位置（手臂转动、升降和伸缩动作），但无法实现空间姿态的变换。此种类型的机器人一般被用于生产线尾的码垛作业。

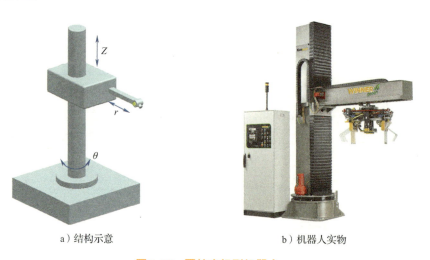

a）结构示意　　　　　　　　　b）机器人实物

图 1-10　圆柱坐标型机器人

3）球坐标型机器人。又称极坐标机器人（Polar Robot），如图 1-11 所示，它具有空间上相互独立垂直的两个转动轴和一个移动轴，不仅可以实现机器人沿 θ 轴、r 轴两个方向调整手臂的空间位置，而且能够沿 β 轴变换手臂的空间姿态（手臂转动、俯仰和伸缩动作）。此种类型的机器人一般被用于金属铸造中的搬运作业。

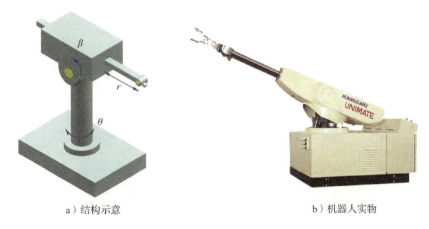

a）结构示意　　　　　　　　　　　b）机器人实物

图 1-11　球坐标型机器人

4）关节型机器人。上述三轴工业机器人仅模仿人手臂的转动、仰俯或（和）伸缩动作，但焊接、涂装、加工、装配等制造工序的替代需要（腕部、手部）灵活性更高的机器人。关节机器人（Articulated Robot）通常具有三个以上运动轴，包括串联式机器人（平面关节型机器人、垂直关节型机器人）和并联式机器人。

①**平面关节型机器人**。如图 1-12 所示，它具有轴线相互平行的两个转动关节和一个圆柱关节，可以实现平面内定位和定向。此类机器人结构轻便、响应快，水平方向具有柔顺性且垂直方向拥有良好的刚性，比较适合 3C 制造业中小规格零件的快速拾取、压装和插装作业。

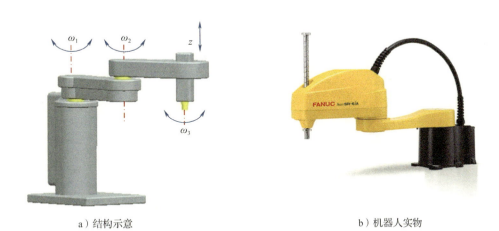

a）结构示意　　　　　　　　　　　b）机器人实物

图 1-12　平面关节型机器人

②**垂直关节型机器人**。如图 1-13 所示，它能模拟人的手臂功能，一般由四个以上的转动轴串联而成，通过臂部（3～4 个转动轴）和腕部（1～3 个转动轴）的转动、摆动，可以在三维空间内自由变换姿态。六轴垂直多关节机器人的结构更紧凑、灵活性更高，是通用型工业机器人的主流配置，比较适合焊接、涂装、加工和装配等柔性作业。

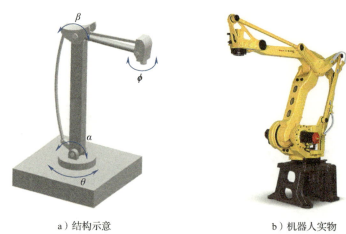

a）结构示意　　　　　　　　　b）机器人实物

图 1-13　垂直关节型机器人

③**并联式机器人**。并联式机器人又称 Delta 机器人、"拳头"机器人或"蜘蛛手"机器人（Parallel Robot），如图 1-14 所示，它与串联杆式机器人不同的是，并联机器人本体由数条（一般 2～4 条）相同的运动支链将终端动平台和固定平台（静平台）连接在一起，其任一支链的运动并不改变其他支链的坐标原点。由于具有低负载、高速度和高精度等优点，并联机器人比较适合流水生产线上轻小产品或包装件的高速拣选、整列、装箱和装配等作业。

a）结构示意　　　　　　　　　b）机器人实物

图 1-14　并联式机器人

📝 拓展阅读

FANUC 工业机器人

FANUC（发那科）是业界公认的工业机器人"四大家族"之一。自 1974 年，首台 FANUC 机器人问世以来，FANUC 始终致力于机器人技术上的创新，是世界上首家使用机器人制造机器人的公司之一，也是世界上首家提供集成视觉系统的机器人企业。除高精密减速器外，高性能机器人专用伺服电动机及驱动器、高速高性能控制器、视觉及力觉传感器等工业机器人关键部件均为自主产品。（扫描二维码）

FANUC工业机器人

▶ 任务1.2　认知工业机器人系统

知识准备

1.2.1　工业机器人的系统组成

工业机器人系统是由工业机器人、末端执行器和为使机器人完成其任务所需的一些工艺设备、周边装置、外部辅助轴或传感器构成的系统。

（1）工业机器人　工业机器人（图1-15）主要由机构模块、控制模块以及相应的连接电缆构成，其系统架构如图1-16所示。机构模块（操作机）用于机器人运动的传递和运动形成的转换，由驱动机构直接或间接驱动关节模块和连杆模块执行；控制模块（控制器和示教盒）用于记录机器人的当前运行状态，实现机器人传感、交互、控制、协作、决策等功能，由主控模块、伺服驱动模块、输入输出（I/O）模块、安全模块和传感模块等构成，各子模块之间通过CANopen、EtherNET、EtherCAT、DeviceNet、PowerLink等一种或几种统一协议进行通信，并预留一定数量的物理接口，如USB、RS232、RS485、CAN、以太网等。

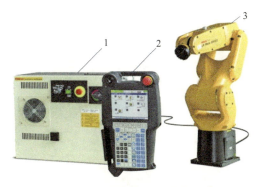

图1-15　工业机器人的基本组成
1—机器人控制器　2—示教盒
3—操作机（机器人本体）

1）操作机。操作机是机器人执行任务的机械主体，主要由关节和连杆构成。图1-17所示为六轴多关节型机器人操作机的基本结构。按照从下至上的顺序，垂直串联多关节型机器人操作机由机座、腰、肩、手臂和手腕构成，各构件之间通过"关节"串联起来，且每个关节均包含一根以上可独立转动（或移动）的运动轴。为使工业机器人在不同领域发挥其作用，机器人手腕末端被设计成标准的机械接口（法兰或轴），用于安装执行任务所需的末端执行器或末端执行器连接装置。通常将腰、肩、肘三根关节运动轴合称为主关节轴，用于支承机器人手腕并确定其空间位置；将腕关节运动轴称为副关节轴，用于支承机器人末端执行器并确定其空间位置和姿态。机器人操作机可以看成是定位机构（手臂）连接定向机构（手腕），手腕端部末端执行器的位姿调整可以通过主、副关节的多轴协同运动合成。

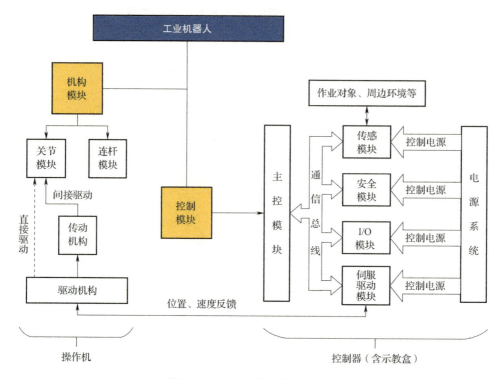

图 1-16　工业机器人的系统架构

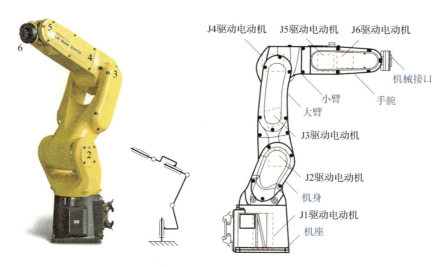

图 1-17　六轴多关节型机器人操作机的基本结构

1—腰关节（J1-axis）　2—肩关节（J2-axis）　3—肘关节（J3-axis）　4、5、6—腕关节（J4-axis/J5-axis/J6-axis）

若让机器人"舞动"起来，需要给机器人的关节配置直接或间接动力驱动装置。按照动力源的类型不同，可将工业机器人关节的驱动方式分为液压驱动、气压驱动和电动驱动三种类型。其中,电动驱动(如步进电动机、伺服电动机等)是现代工业机器人主流的一种驱动方式,且基本是一根关节运动轴安装一台驱动电动机,如图1-17所示。

众所周知,伺服电动机的额定转矩或额定功率越大,其结构尺寸越大,这同工业机器人操作机结构设计与优化的方向——提高负载与自重之比、提高能源利用率相违背。目前大多数工业机器人使用的伺服电动机额定功率小于5kW(额定转矩低于30N·m),对于中型及以上关节型机器人而言,伺服电动机的输出转矩通常远小于驱动关节所需的力矩,必须采用伺服电动机+精密减速器的间接驱动方式,利用减速器行星轮系的速度转换原理,把电动机轴传递的转速降低,以获得更大的输出转矩。目前减速器的类型繁多,但应用于工业机器人关节传动的高精密减速器以RV摆线针轮减速器和谐波齿轮减速器较为主流。谐波齿轮减速器体积小、重量轻,适合承载能力较小的关节部位,通常被安装在机器人腕关节处;RV摆线针轮减速器承载力强,适合承载能力较大的关节部位,是中型、重型和超重型工业机器人关节驱动的核心部件。

2)控制器。 控制器可看作工业机器人的"大脑",是实现机器人传感、交互、控制、协作和决策等功能硬件以及若干应用软件的集合,是机器人"智力"的集中体现。在工程实际中,控制器的主要任务是根据程序指令以及传感器反馈信息支配机器人操作机完成规定的动作和功能,并协调机器人与周边辅助设备的通信,其典型硬件架构如图1-18所示。

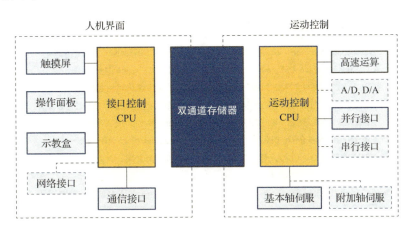

图1-18 机器人控制器架构示意

硬件决定性能边界,软件发挥硬件性能并定义产品的行为,通过"软件革命"驱动的工业机器人创新发展成为主流趋势。目前不少优秀的工业软件公司利用从机器人制造商定制的专用机器人,搭配自己开发的应用软件包在某个细分领域独领风骚,如德国杜尔(Dürr)、日本松下(Panasonic)等。全球工厂自动化行业领先的发那科(FANUC)机器人公司凭其强大的研发、设计及制造能力,基于自身硬件平台为用户提

供革命性的软件、控制系统及传感系统（表 1-1），用户可借助内嵌于机器人控制器中的应用软件快速建立机器人系统。

表 1-1　工业机器人控制器的应用软件（以 FANUC 机器人为例）

功能模块	应用软件
控制	Robot Link　多机器人协调（同）运动控制 Coordinated Motion Function　外部附加轴的协调运动控制 Line Tracking　移动输送线（带）同步控制 Integrated Programmable Machine Controller　控制器内置软 PLC
传感	iRCalibration　视觉辅助单轴/全轴零点标定和工具中心点（TCP）标定 iRVision 2D Vision Application　工件位置和机器人抓取偏差 2D 视觉补偿 iRVision 3D Laser Vision Sensor Application　工件位置和机器人抓取偏差 3D 激光视觉补偿 iRVision Inspection Application　机器人视觉测量 iRVision Visual Tracking　视觉辅助移动输送带拾取、装箱、整列等作业 iRVision Bin Picking Application　视觉辅助散堆工件拾取 Force Control Deburring Package　力控去毛刺
工艺	HandlingTool　机器人搬运作业 PalletTool　机器人码垛作业 PickTool　机器人拾取、装箱、整列等作业 ArcTool　机器人弧焊作业 SpotTool　机器人点焊作业 DispenseTool　机器人涂胶作业 PaintTool　机器人喷漆作业 LaserTool　机器人激光焊接 & 切割作业
通信	DeviceNet Interface　机器人作为主站或从站时的 DeviceNet 总线通信 CC-Link Interface（Slave）　机器人作为从站时的 CC-Link 总线通信 PROFIBUS-DP（12M）Interface　机器人作为主站或从站时的 PROFIBUS-DP 总线通信 Modbus TCP Interface　机器人作为主站或从站时的 Modbus TCP 总线通信 EtherNet/IP I/O Scan　机器人作为主站时的 EtherNet/IP 以太网通信 EtherNet/IP Adapter　机器人作为从站时的 EtherNet/IP 以太网通信 PROFINET I/O　机器人作为主站或从站时的 PROFINET 以太网通信 EtherCAT Slave　机器人作为从站时的以太网通信 CC-Link IE Field Slave　机器人作为从站时的 CC-Link IE Field 以太网通信

3）示教盒。示教盒是与机器人控制器相连，用于机器人手动操作、任务编程、诊断控制以及状态确认的手持式人机交互装置。作为选配件，用户可通过计算机或平板电脑替代示教盒进行机器人运动控制和程序编辑等操作。由于国际上暂无统一标准，目前已投入市场的示教盒多属于品牌专用，如 KUKA 机器人配备的 smartPAD、ABB 机器人配备的 FlexPendant、FANUC 机器人配备的 iPendant、COMAU 机器人配备的 WiTP 等。

（2）末端执行器　末端执行器是安装在机器人手腕端部机械接口处直接执行任务

的装置,它是机器人与作业对象、周边环境交互的前端。在 GB/T 19400—2003《工业机器人 抓握型夹持器物体搬运 词汇和特性表示》中,将末端执行器分为工具型末端执行器和夹持型末端执行器两种类型。

1)工具型末端执行器。工具型末端执行器本身能进行实际工作,但由机器人手臂移动或定位的末端执行器,如弧焊焊枪(图 1-19a)、点焊焊钳、研磨头、喷砂器、喷枪(图 1-19b)、胶枪、电动螺丝刀等。

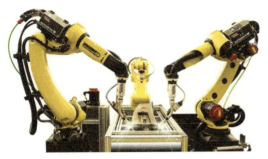
a)机器人焊枪

b)机器人喷枪

图 1-19 工具型末端执行器

2)夹持型末端执行器。夹持型末端执行器(以下简称夹持器)是一种夹持物体或物料的末端执行器。按照夹持原理的不同,可将夹持器分为抓握型夹持器和非抓握型夹持器两种类型,见表 1-2。前者用一个或多个手指搬运物体,后者是以铲、钩、穿刺和黏着,或以真空/磁性/静电等悬浮方式搬运物体。

表 1-2 夹持型末端执行器的类型及其用途

夹持器类型		驱动方式	应用场合	夹持器示例
抓握型夹持器	外抓握(外卡式)	气动/电动/液压	主要用于长轴类工件的搬运	
	内抓握(内胀式)	气动/电动/液压	主要用于以内孔作为抓取部位的工件	

（续）

夹持器类型		驱动方式	应用场合	夹持器示例
非抓握型夹持器	气吸附	气动	主要用于表面坚硬、光滑、平整的轻型工件，如汽车覆盖件、金属板材等	
	磁吸附	电动	主要用于对磁力（或者电磁力）产生感应的工件，对于要求不能有剩磁的工件，吸取后要退磁处理，且高温不可使用	
	粘接式	—	主要用于平整、光滑或多孔物件的无痕夹持，无须清洁步骤，紧凑无痕壁虎型单垫粘接夹持器无须电力或空气供应，即插即用	
	托铲式	—	主要用于集成电路制造、半导体照明、平板显示等行业，如真空硅片、玻璃基板的搬运	

（3）传感器　工业机器人传感器可以分为两类：一是内部传感器，指用于满足机器人末端执行器的运动要求和碰撞安全而安装在操作机上的位置、速度、碰撞等传感器，如旋转编码器、力觉传感器、防碰撞传感器等；二是外部传感器，指第二代和第三代工业机器人系统中用于感知外部环境状态所采用的传感器，如视觉传感器、超声波传感器、接触/接近觉传感器等。图1-20所示为工业机器人视觉传感原理。智能化机器人焊接系统配备2D广角工业相机，能够对焊接平台上的组件进行全景拍照，识别组件类型和测量几何尺寸，进行目标粗定位，以及规划机器人焊接初始路径；然后通过3D激光视觉精确纠偏焊缝位置，识别坡口类型，并自主规划焊道排布、焊接路径、焊炬/焊枪姿态和工艺参数，生成多层多道焊接任务程序，实现机器人自主焊接作业。

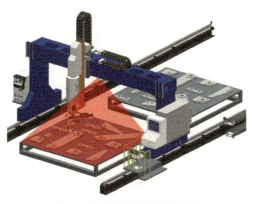
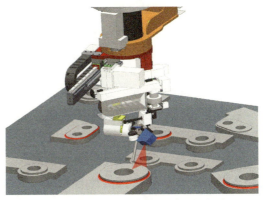

a) 2D 广角视觉全景拍照识别定位　　　　　b) 3D 激光视觉焊缝寻位跟踪

图 1-20　工业机器人视觉传感原理

（4）周边（工艺）设备　工业机器人作为高效、柔性的先进机电装备，给它安装什么样的"手"（末端执行器）、配置什么样的周边设备、设置什么样的运动路径，它就可以完成什么样的任务。通过"机器人+"自动化集成技术，可以让它转换成各种机器人柔性系统，如机器人焊接系统、机器人上下料系统、机器人折弯系统等，以适应当今多品种、小批量、大规模的柔性制造模式。图 1-21 所示的钢结构机器人焊接系统，就是集成了焊接电源、送丝机构、机器人焊枪、焊接变位机、护栏及安全光幕等工艺设备和装置，以及焊接工艺软件包，适用于各类通用设备、专用设备和金属船舶制造等自动化焊接作业。

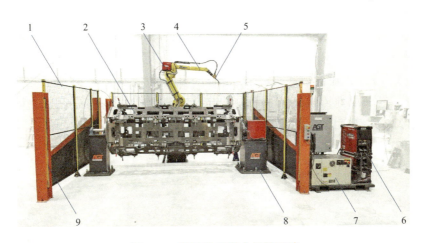

图 1-21　钢结构机器人焊接系统

1—护栏　2—焊件　3—送丝机构　4—操作机
5—机器人焊枪　6—焊接电源　7—控制器　8—焊接变位机　9—安全光幕

综上所述，一套较完整的工业机器人系统主要是由机械、控制和传感三部分组成，分别负责机器人的动作、思维和感知。机械部分包括主体结构（执行机构）和驱动系统，通常所指为操作机，它是机器人完成作业动作的机械主体；控制部分包括控制器和示教盒，用于对驱动系统和执行机构发出指令信号，并进行运动和过程等控制；传感部分则主要实现机器人自身以及外部环境状态的感知，为控制决策提供反馈。

1.2.2 工业机器人的分类及应用

工业机器人的分类方法很多，可以按照机械结构类型（坐标形式）、驱动方式、负载能力等进行产品分类。限于篇幅，本书仅从机器人"大脑"（智能程度）和"技能"（应用领域）两个维度，阐述工业机器人的分类及其应用情况。

（1）按技术等级划分 按照机器人"大脑"智能的发展阶段不同，可以将工业机器人分为三代：第一代是计算智能机器人，以编程、微机计算为主；第二代是感知智能机器人，通过各种传感技术的应用，提高机器人对外部环境的适应性，即"情商"得到提升；第三代是认知智能机器人，除具备完善的感知能力，机器人"智商"得到增强，可以"自主"规划任务和运动轨迹。

1）**计算智能机器人**。第一代工业机器人的基本工作原理是"示教-再现"，如图1-22所示。由编程员事先将完成某项作业所需的运动轨迹、工艺条件和动作次序等信息通过直接或间接的方式对机器人进行"调教"，在此过程中，机器人逐一记录每一步操作；示教结束后，机器人便可在一定的精度范围内重复"所学"动作。目前在工业中大量应用的传统机器人多数属于此类，因无法补偿工件或环境变化所带来的加工、定位、磨损等误差，故主要被应用在精度要求不高的搬运作业场合。

2）**感知智能机器人**。为解决第一代机器人在工业应用中暴露的编程烦琐、环境适应性差以及潜在危险等问题，第二代机器人配备有若干传感器（如视觉传感器、力传感器、触觉传感器等），能够获取周边环境和作业对象变化的信息，以及对行为过程的碰撞进行实时检测，然后经由计算机处理、分析并做出简单的逻辑推理，对自身状态进行及时调整，基本实现人-机-物的闭环控制。例如，前文提及的协作机器人LBR iiwa（图1-23）使用力矩传感器实现编程员的牵引示教以及无安全围栏防护条件下的人机协同作业，基于视觉传感导引的零散件机器人随机拾取，采用接触传感的机器人焊接起始点寻位……类似的感知智能技术是第二代机器人的重点突破方向。

图1-22 第一代计算智能机器人

图1-23 第二代感知智能机器人

3）认知智能机器人。第二代工业机器人虽具有一定的感知智能，但其未能实现基于行为过程的传感器融合进行逻辑推理、自主决策和任务规划，对非结构化环境的自适应能力十分有限，"综合智力"提升是关键。作为发展目标，第三代机器人将借助人工智能技术和以物联网、大数据、云计算为代表的新一代物物相连、物物相通信息技术，通过不断的深度学习和进化，能够在复杂变化的外部环境和作业任务中，自主决定自身的行为，具有高度的适应性和自治能力。第三代工业机器人与第五代计算机⊖密切关联，其内涵、功能仍处于研究开发阶段，目前全球仅日本本田（Honda）和软银旗下的波士顿动力（Boston Dynamics）两家公司研制出了原型样机。相对于Boston Dynamics研发的仿人机器人（Atlas、Handle）而言，Honda的仿人机器人Asimo（图1-24）更偏向于通过表演来展现技术特性，其最新款样机能够将人类的动作模仿得惟妙惟肖，能跑能走，能够上下阶梯，还会踢足球、开瓶盖、倒茶倒水，动作十分灵巧。虽然这些产品可完成诸多精细动作，但其造价昂贵、难以量产，很难将技术成果转化为商业利益，这为其发展带来诸多阻力。

图1-24　第三代认知智能机器人

（2）按应用领域划分　工业机器人按应用领域可以分为搬运机器人、焊接机器人、涂装机器人、加工机器人、装配机器人、洁净机器人等，每一大类又囊括若干小类，如图1-25所示。

1）搬运机器人。搬运机器人是在食品制造、烟草制品、医药制造、橡胶和塑料制品、金属制品、汽车制造等行业，用于辅助或取代搬运装卸工人完成取料、装卸、传递、码垛等任务的工业机器人，如图1-26所示。

2）焊接机器人。焊接机器人是在铁路、船舶、航空航天、汽车制造、通用设备制造、专用设备制造等行业，用于辅助或代替焊工完成弧焊、点焊、激光焊接、摩擦焊等所有金属和非金属材料连接任务的工业机器人，如图1-27所示。

3）涂装机器人。涂装机器人是在铁路、船舶、航空航天、汽车制造、家具制造、陶瓷制品等行业，用于喷漆、涂胶、封釉等作业的工业机器人，如图1-28所示。

4）加工机器人。加工机器人是在铁路、船舶、航空航天、汽车制造、金属制品等行业，用于切割、铣削、磨削、抛光、去毛刺等作业的工业机器人，如图1-29所示。

5）装配机器人。装配机器人是在汽车制造、通用设备制造、专用设备制造、仪器仪表制造等行业，用于辅助或替换人类完成零部件安装、拆卸、装配、修复等任务的工业机器人，如图1-30所示。

⊖　第五代计算机是把信息采集、存储、处理、通信同人工智能结合在一起的智能计算机系统。它能进行数值计算或处理一般的信息，主要能面向知识处理，具有形式化推理、联想、学习和解释的能力，能够帮助人们进行判断、决策、开拓未知领域和获得新的知识。

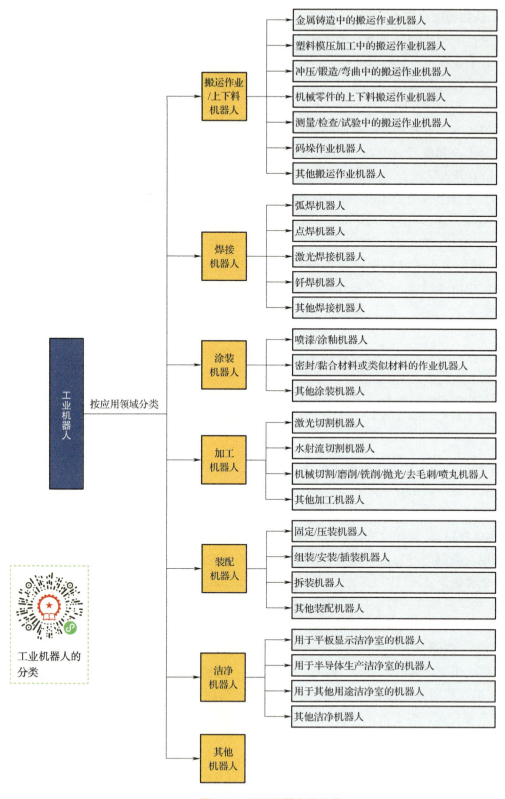

图 1-25 工业机器人的分类

图 1-26　搬运机器人

图 1-27　焊接机器人

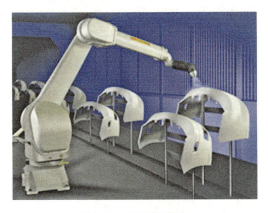
图 1-28　涂装机器人

图 1-29　加工机器人

6）洁净机器人。 洁净机器人是在洁净室使用的，在电子器件制造、医药制造、食品制造等行业执行搬运等任务的工业机器人。目前商用的洁净机器人多为垂直关节型和平面关节型机器人，如图 1-31 所示。

图 1-30　装配机器人

图 1-31　洁净机器人

综上，工业机器人在生产加工中的应用不仅可以降低工人的劳动强度、提高生产率和改善产品质量，而且可以大幅提升工业制造水平。同时，随着智能制造中小批量、多品种、个性化生产要求的增多，在应对这种复杂的柔性化生产时，单机器人作业功能比较单一的问题日渐凸显，生产需要更加自动化、数字化、网络化和智能化。因此，机器智联、多机器人、人机协作技术及应用成为必然。

拓展阅读

智能制造与工业机器人

智能制造与工业机器人

智能制造是制造强国建设的主攻方向，其发展程度直接关乎我国制造业质量水平。发展智能制造，是加速我国工业化和信息化深度融合、推动制造业供给侧结构性改革的重要着力点，对于巩固实体经济根基、建成现代产业体系、实现新型工业化具有重要作用。（扫描二维码）

知识测评

一、填空题

1. 按照机器人"大脑"智能的发展阶段，可将工业机器人划分为三代，分别是_____机器人、_____机器人和_____机器人。

2. _____是物体能够对坐标系进行独立运动的数目，通常作为机器人的技术指标，反映机器人动作的灵活性。

3. 工业机器人主要由_____、_____以及相应的连接电缆构成。

4. _____是安装在机器人手腕端部机械接口处直接执行任务的装置，可将其分为_____和_____两种类型。

二、选择题

1. 工业机器人的基本特征是（　　）。
①具有特定的机械机构；②具有一定的通用性；③具有不同程度的智能
A. ①②　　　　B. ①②③　　　　C. ①③　　　　D. ②③

2. 按照从下至上的顺序，六轴垂直多关节型机器人本体包括（　　）。
①腰关节；②肩关节；③肘关节；④腕关节
A. ①②　　　　B. ①②③　　　　C. ①②④　　　　D. ①②③④

3. 人们常用（　　）技术指标来衡量一台工业机器人的性能。
①自由度；②工作空间；③额定负载；④最大单轴（路径）速度；⑤位姿重复性
A. ①②③④⑤　　B. ①②⑤　　　C. ①②④　　　D. ①②③④

三、判断题

1. 机器人位姿是机器人空间位置和姿态的合称。（　　）

2. 直角坐标机器人具有结构紧凑、灵活、占地空间小等优点,是目前工业机器人本体大多采用的结构型式。(　　)

3. 工业机器人的驱动器布置大都采用一个关节一个驱动器,且基本采用伺服电动机驱动。(　　)

4. 工业机器人的臂部传动多采用谐波减速器,腕部则采用RV减速器。(　　)

5. 机器人控制器是人与机器人的交互接口。(　　)

6. 按应用领域可将工业机器人划分为焊接机器人、搬运机器人、装配机器人、码垛机器人和涂装机器人等。(　　)

7. 发展工业机器人的主要目的是在不违背"机器人三原则"的前提下,让机器人协助或替代人类做一些人不愿做、做不了、做不好的工作。(　　)

8. 机器人内部传感器主要用于感知外部环境状态。(　　)

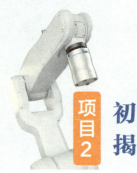

项目 2　初窥门径，揭开焊接机器人的神秘面纱

随着工业领域智能化进程的不断深入，实现焊接产品制造自动化、智能化与柔性化已成为提高焊接质量和生产率的必然趋势。作为一种仿人操作、自动控制、可重复编程、能在三维空间完成几乎所有焊接位置的先进制造装备，焊接机器人具有提高焊接质量、保证焊接质量的稳定性和一致性、提高生产率、改善工作条件等优点，成为焊接技术自动化的主要标志。

本项目参照 1+X "焊接机器人编程与维护"国家职业技能等级要求，重点围绕系统认识和安全认知两个工作领域，通过介绍熔焊、压焊和钎焊三大典型焊接机器人，使学生掌握焊接机器人的系统组成和工作原理，熟知焊接机器人系统的安全标识、防护装置和操作规程。根据焊接机器人编程员岗位工作内容，本项目共设置两项任务：一是焊接机器人系统认知；二是焊接机器人安全认知。

学习目标

素养提升

1）弘扬工匠精神，学习熔焊专家高凤林"择一事，终一生"的就业观念，辩证思考人工熔焊与机器人熔焊技术的发展与变革。

2）通过安全操作实例，培养学生安全操作意识，树立爱岗敬业、精益求精、一丝不苟的工匠精神。

3）通过拓展阅读，初步认识 FANUC 焊接机器人，用发展的眼光看待人机协作在实际生产生活的应用，辩证思考人机关系，从而激发学生的学习兴趣，持开放的态度拥抱技术迭代。

知识学习

1）能够识别常见焊接机器人的系统组成。
2）能够阐明焊接机器人的工作原理。
3）能够辨识焊接机器人的安全标识及其表达内容。

项目 2　初窥门径,揭开焊接机器人的神秘面纱

技能训练

1)能够完成焊接机器人系统的模块辨识及功能描述。

2)能够遵循安全操作规程,完成安全警示。

学习导图

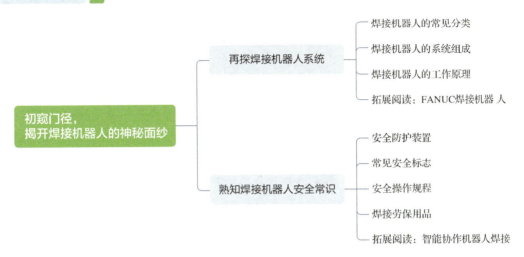

灯塔传承

高凤林:跟产品"结婚"的"金手天焊"

【人物档案】高凤林,毕业于211厂技工学校,现任中国航天科技集团有限公司第一研究院211厂14车间高凤林班组组长,第一研究院特种熔融焊接高级技师,中华全国总工会副主席(兼)。先后获得"全国技术能手""中华技能大奖""中国质量奖""最美奋斗者"等称号,荣获2018年"大国工匠年度人物"。

火箭"心脏"的焊接人高凤林,是百万年薪加北京两套房也挖不走的中国第一"焊将"。一个把中国一半以上的火箭送上天的男人,几十年如一日,他只做一件事,主业焊接火箭心脏,闲暇焊接东风导弹。在火箭发动机焊接工作岗位上,刻苦钻研,大胆创新,实现技术革新近百项。提出和创造多层快速连续堆焊加机械导热等多项新工艺方法,攻克运载火箭发动机大喷管焊接难关,高标准地完成多种运载火箭重要部件的焊接任务。(扫描二维码)

高凤林:跟产品"结婚"的"金手天焊"

— 27 —

机器人焊接

【青年寄语】岗位不同，作用不同，仅此而已，心中只要装着国家，什么岗位都光荣，有台前就有幕后。

▶ 任务 2.1　再探焊接机器人系统

任务提出

工业机器人在焊接领域的应用可以看作是焊接（工艺）系统和机器人（执行）系统的深度融合。焊接机器人是焊接工艺的执行"载体"，负责携带焊枪沿规划路径作业；焊接系统为焊接工艺的能源"核心"，提供熔化工件和填充材料的电弧热源；工艺辅助设备是焊接工艺的绿色"助手"，保持待焊工件姿态及作业环境条件处于最佳；传感系统为焊接工艺的执行"向导"，负责感知作业环境变化，使机器人的作业动作更加精准和稳定。

本任务通过辨识 1+X "焊接机器人编程与维护"初级职业技能培训工作站的模块组成及其功能，达到对机器人焊接应用系统集成的初步认知。

知识准备

2.1.1　焊接机器人的常见分类

工业机器人在焊接生产中的应用始于汽车装配生产线上的电阻点焊（压焊的一种），如图 2-1 所示。机器人点焊过程比较简单，只需点位控制，而对机器人位姿准确度和位姿重复性的控制要求比较低。相比之下，弧焊（熔焊的一种）要比点焊复杂，需要进行起始点寻位和焊缝跟踪。弧焊机器人（图 2-2）在汽车整车和零部件制造中的普遍应用与焊接传感系统的研制密不可分。近年来，机器人技术与激光技术的融合——激光焊接（熔焊的一种）机器人开启汽车制造的新时代，诸如德国大众、美国通用、日

图 2-1　汽车后立柱（C 柱）电阻点焊机器人

图 2-2　汽车消声器弧焊机器人

项目 2 初窥门径，揭开焊接机器人的神秘面纱

本丰田等品牌的汽车装配生产线上，均已大量采用图 2-3 所示的激光焊接机器人焊接汽车白车身。加拿大赛融（SERVO-ROBOT）公司开发的一种智能模块化激光钎焊系统 DIGI-BRAZE™（钎焊的一种，可将高精度的 3D 激光传感器、最大功率可达 30kW 的高质量工业验证激光头以及送丝机构集成为一个紧凑且坚固的模块），实现一次操作同步完成实时焊缝跟踪、焊接质量检测和过程控制，如图 2-4 所示。

图 2-3 汽车车身激光焊接机器人

图 2-4 汽车车身顶部智能化激光钎焊机器人

综上所述，按照采用的焊接工艺方法的不同，可将焊接机器人分为压焊机器人、熔焊机器人和钎焊机器人三大类，如图 2-5 所示。此外，可以按照坐标形式、驱动方式和现场安装方式等的不同，对焊接机器人进行分类，如按照坐标形式的不同，可将其分为直角坐标型焊接机器人、圆柱坐标型焊接机器人、球坐标型焊接机器人和关节型焊接机器人。

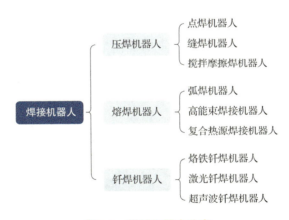

图 2-5 焊接机器人分类

2.1.2 焊接机器人的系统组成

焊接机器人种类繁多，其系统组成也因待焊工件的材质、接头形式、几何尺寸和工艺方法等不同而各不相同。综合来看，工业机器人在焊接领域的应用，可以看作是工艺系统和执行系统的集成与创新。下面以图 2-6 所示的弧焊机器人系统为例，阐述目前主流的熔焊机器人、压焊机器人和钎焊机器人的系统组成。

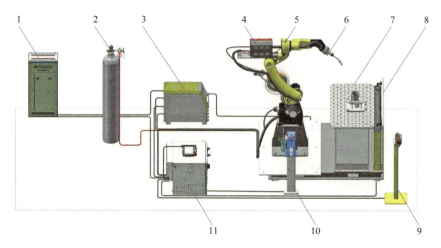

图 2-6 弧焊机器人系统

1—外部电源 2—气路装置（储气瓶） 3—焊接电源 4—送丝机构 5—操作机
6—机器人焊枪（含防碰撞传感器） 7—焊接工作台（或焊接变位机）
8—自动升降遮光屏 9—外部操作盒 10—自动清枪器 11—控制器（含示教盒）

（1）焊接机器人 焊接机器人同样是由操作机和控制器两大部分组成。由机器人运动学可知，六自由度通用型工业机器人可以满足一般焊接任务的需求，这是在目前生产中焊接机器人普遍采用垂直六关节机器人本体构型的原因。值得指出的是，为避免焊枪电缆在机器人运动过程中与周边环境干涉而影响机器人动作的可达性和焊接过程的稳定性，世界著名工业机器人制造商先后研制出中空手腕和七轴本体构型。

1）中空手腕构型。 一般将送丝机构安装在焊接机器人第三轴处（图 2-7a），焊枪电缆悬空布置。为克服电缆运动干涉，将机器人第四轴和第六轴设计成中空结构，焊枪电缆内藏于机器人操作机（图 2-7b），此时焊枪可以实现 360° 旋转。为进一步解决因焊接电缆扭曲而引起的送丝波动现象，采用将电缆内藏而送丝软管外置（图 2-7c）的方式，提高送丝过程的稳定性。

a) 焊枪电缆外置 b) 焊枪电缆内藏 c) 焊枪电缆分离

图 2-7 焊接机器人中空手腕构型

2）七轴本体构型。图 2-8 所示为一种典型的七轴驱动再现人类"肘部"动作的焊接机器人。通过在机器人第一俯仰臂上增加一个回转关节，并采用中空减速机实现焊枪电缆的内藏，可以让焊接机器人的作业动作更加灵活和顺畅，非常适合机器人高密度摆放应用场合。

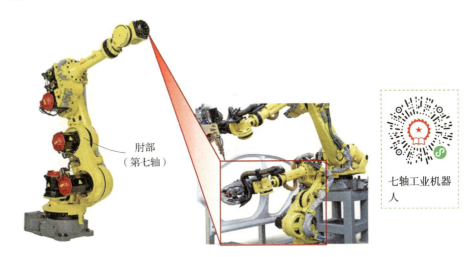

图 2-8 七轴焊接机器人构型

表 2-1 列出了焊接机器人机械结构主要特征参数。在产品结构件体积或质量较大的自动化应用场合，可以赋予焊接机器人"下肢"移动功能。例如，将操作机安装在 1～3 轴地装移动平台，或以侧挂、倒挂等方式集成在多轴龙门移动平台，成为复合型焊接机器人（图 2-9），可有效拓展机器人的工作空间以及提高机器人的利用率。

表 2-1 焊接机器人机械结构主要特征参数

机器人类别	指标参数	指标要求
熔焊机器人	结构型式	以垂直多关节型结构为主
	轴数（关节数）	一般为 6～9 轴
	自由度	通常具有 6 个自由度
	额定负载	3～20kg（高能束焊接机器人为 30～50kg）
	工作半径	800～2200mm
	位姿重复性	±0.02～±0.08mm
	基本动作控制方式	PTP、CP 两种方式
	安装方式	固定式（落地式、悬挂式），移动式（地轨式、龙门式）

（续）

机器人类别	指标参数	指标要求
压焊机器人	结构型式	以垂直多关节型结构为主
	轴数（关节数）	一般为 6～7 轴
	自由度	通常具有六个自由度
	额定负载	50～350kg
	工作半径	1600～3600mm
	位姿重复性	±0.07～±0.3mm
	基本动作控制方式	PTP、CP 两种方式
	安装方式	固定式（落地式、悬挂式）
钎焊机器人	结构型式	平面多关节型结构和垂直多关节型结构
	轴数（关节数）	一般为 4～6 轴
	自由度	通常具有 4～6 个自由度
	额定负载	≤6kg
	工作半径	300～600mm
	位姿重复性	±0.01～±0.02mm
	基本动作控制方式	PTP、CP 两种方式
	安装方式	固定式（台面固定安装）

图 2-9　龙门式（复合型）焊接机器人

控制器（含硬件、软件及一些专业电路）可以完成机器人自动化焊接的运动控制和过程控制，包括机器人控制器和工艺辅助设备控制器两部分。目前主流的焊接机器人控制系统采用开放式分布系统架构，除具备轨迹规划、运动学和动力学计算等功能外，还装有简化用户编程过程的功能软件包和焊接数据库，能够实现焊接导航、工艺监控、焊丝回抽、粘丝解除、电弧搭接、摆动焊接、姿态调整、焊接出错后自动再引弧等实用功能。表 2-2 列出了机器人制造商针对熔焊、压焊和钎焊应用所开发的各类焊接机器人功能软件包。

表 2-2 焊接机器人功能软件包

机器人类别	制造厂商	焊接软件包
熔焊机器人	ABB	RobotWare Arc, Production manager, VirtualArc
	KUKA	KUKA.ArcTech, KUKA.LaserTech, KUKA.MultiLayer, ready2_arc
	FANUC	ArcTool, LaserTool, ServoTorch, Smart Arc
	Yaskawa-MOTOMAN	Universal Weldcom Interface
	Kawasaki	KCONG
	KOBELCO	AP-SUPPORT, ARCMAN™ PLUS
压焊机器人	ABB	RobotWare Spot
	KUKA	KUKA.ServoGun, ready2_spot
	FANUC	SpotTool
钎焊机器人	UNIX	TSCO WIN, TSUTSUMI SEL Software
	TSUTSUMI	USW-RK410RE

（2）焊接系统 焊接系统是机器人完成自动化焊接作业的核心工艺设备。由于焊接工艺方法的不同，熔焊、压焊和钎焊所用焊接设备的差异较大，主要体现在焊接电源和设备接口方面。有关熔焊、压焊和钎焊所用的典型设备及功能见表 2-3。对于某些长时间、无中断的自动化焊接场合，建议采用图 2-10 所示桶装焊丝（250～350kg）、送丝辅助机构和伺服拉丝焊枪，这样可以有效延长送丝距离，提高机器人焊接的生产率和工作空间。

表 2-3 典型的机器人焊接系统设备及功能

工艺方法	设备名称	设备功能	设备示例
弧焊（熔焊）	焊接电源	为焊接提供电流、电压，并具有适合弧焊和类似工艺所需特性的设备。常见的弧焊电源主要有弧焊发电机、弧焊变压器和弧焊整流器等	

（续）

工艺方法	设备名称	设备功能	设备示例
弧焊 （熔焊）	送丝机构	将焊丝输送至电弧或熔池，并能进行送丝控制的装置，可以自带送丝电源（一体式）或不带送丝电源（分体式），主要有推丝、拉丝和推拉丝三种送丝形式	
	机器人焊枪	在弧焊、切割或类似工艺过程中，能提供维持电弧所需电流、气体、冷却液、焊丝等必要条件的装置，主要有空冷焊枪（小电流施焊）和水冷焊枪（大电流施焊）两种	
	冷却装置	机器人在进行长时间焊接作业时，焊枪会产生大量的热量，常用冷却装置保证机器人焊接系统正常工作，采用Ar、He保护焊，当电流大于200A时可采用CO_2保护焊且间断通电，当电流大于500A时，均采用水冷系统	
	气路装置	气路装置是存储输送弧焊、切割或类似工艺时所需气体的装置，可采用单独气瓶供气或集中供气两种形式	
点焊 （压焊）	焊接控制器	焊接控制器是由微处理器及部分外围接口芯片组成的控制系统，它可根据预定的焊接监控程序，完成焊接参数（如电流、压力、时间等）输入、焊接程序控制、焊钳行程以及夹紧/松开动作设置，并实现与机器人控制柜、示教盒的通信	

（续）

工艺方法	设备名称	设备功能	设备示例
点焊（压焊）	冷却装置	为及时散热，保护变压器和钳体，点焊机器人须配置水冷系统，包括进水阀门和回水阀门等	
	机器人焊钳	除提供焊接回路、传导焊接电流外，还提供焊接压力；按外形结构主要有C型和X型两种；按驱动方式有气动焊钳和伺服焊钳两种	
烙铁钎焊	控制器	加热控制器集中管理所有的焊接条件，如加热时间、焊锡数量等	
	焊丝供给装置	主要用于实现高精度焊丝供给	
	烙铁式焊接头	点焊、直线焊接通用	

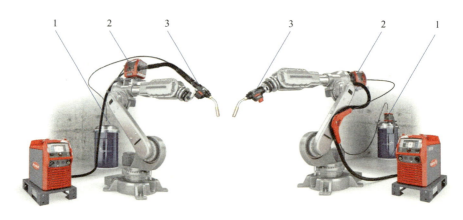

图 2-10 熔焊机器人配置桶装焊丝
1—送丝辅助机构 2—送丝机构 3—机器人伺服拉丝焊枪

双丝复合焊（图 2-11a）是近年发展起来的一种高速、高效复合热源的焊接方法。该方法能在增加熔敷效率的同时保持较低的热输入，减小热影响区和焊接变形量；另一种高效焊接方法——激光-电弧复合焊（图 2-11b）是将激光热源与电弧热源相结合，作用在同一熔池形成复合热源的焊接方法。复合热源焊接可以降低对装配间隙的要求，增加工艺适应性，减少焊接缺陷和降低焊接成本。

a）双丝复合焊　　　　　　　　　　b）激光-电弧复合焊

图 2-11 复合热源焊接

（3）工艺辅助设备　要实现机器人高效和安全的自动化焊接作业，除保持焊接机器人与焊接系统之间的高度协同之外，还需要夹紧、定位、清枪、除尘、防护等周边（工艺）辅助设备。例如，为消除或减小焊接产生的弧光、烟尘、飞溅等，须使用挡光板、弧光防护帘和焊接烟尘净化器等改善工作环境，并采用护栏、屏障和保护罩等作为作业空间的安全防护装置。目前对焊接烟尘治理的有两种有效途径：一是采用单机（移动）式烟尘净化器（图 2-12a），使用较为灵活、占地面积小，适用于工位变动频繁的小范围粉尘收集场合；二是采用中央/集成式烟尘净化器（图2-12b），可供多个操作工位使用，风量也比单机风量高几倍，适用于整个制造车间（或工作场所）的粉尘收集。不同工艺方法需要配备的工艺辅助设备差异较大，表2-4列出了常见的焊接机器人周边（工艺）辅助设备。

a）单机（移动）式烟尘净化器　　　　　　b）中央/集成式烟尘净化器

图2-12　焊接烟尘净化器

表2-4　常见的焊接机器人周边（工艺）辅助设备

工艺方法	设备名称	设备功能	设备示例
弧焊 （熔焊）	焊接工作台及焊接夹具	主要用于放置工件并将工件准确定位与夹紧，以保证装配质量。焊接夹具按动力源可分为手动、气动、液压、磁力、电动和混合式夹具等	
	焊接变位机	主要是将被焊工件转动及移动到最佳的焊接位置（如平焊和船形焊位置），按照驱动电动机数量的不同，可将其分为单轴、双轴、三轴和复合型变位机等	
	焊渣除锈装置	一般采用气动（针束）除锈器，用于清除焊缝表面渣壳、飞溅等	

（续）

工艺方法	设备名称	设备功能	设备示例
弧焊 （熔焊）	自动清枪器	用于清理焊枪喷嘴内的积尘、飞溅并向喷嘴内喷防飞溅液，剪除多余焊丝，保证焊枪干伸长度，确保引弧；延长焊枪寿命，提高焊接工作效率	
	焊枪更换装置	机器人焊接作业过程中，自动运转程序完成焊枪（前端组合的直插式）更换，操作员无须进入机器人工作空间，既可以提高机器人作业的安全性，又大大提高机器人的运作效率	
点焊 （压焊）	焊接工装夹具	同弧焊机器人类似，用于工件的准确定位与夹紧，保证装配质量	
	电极修磨器	用于电极头工作面氧化磨损后的修磨，可提高生产率，也可避免人员频繁进入生产线带来的安全隐患	
烙铁钎焊	烙铁头清洁器	用于烙铁咀清洗，具有清洁时防止焊锡随处飞溅，减少清洁时烙铁头的温度下降，改善焊接工作环境，改善产品质量的作用，适用于高精细焊接工作	

（4）传感系统 焊接机器人（尤其熔焊机器人）的应用环境有其自身的特殊性与复杂性，诸如弧光、烟尘、飞溅和复杂电磁环境等耦合干扰因素以及加工装配误差、焊接热变形等实际工况变化。为增强焊接机器人对外部环境适应能力，可以通过外部传感器的实时反馈实现对焊接起始位置的自动寻位和焊接过程的自动跟踪。为补偿工件装卡发生的位置偏移，熔焊机器人会通过高压接触传感寻找焊接起始点；同时，采用电弧传感的"坡口宽度跟踪"功能，实时跟踪焊接过程的坡口宽度变化，及时调整焊接规范，保证焊缝余高一致和坡口两侧侧壁熔合良好，实现高品质焊接。表2-5列出

项目2 初窥门径，揭开焊接机器人的神秘面纱

了机器人熔焊作业过程（装配和焊接）配置的实用传感器。

表 2-5 熔焊机器人实用传感器

制造工序	传感器名称	传感器功能	传感软件包	传感器示例
装配	防碰撞传感器	在碰撞过程中能侦测到碰撞发生，给机器人控制器发送反馈信号，提示机器人紧急停止运行，避免焊枪严重受损	—	
装配	激光位移传感器	主要完成工件设置点位的初始位置标定和焊接过程中对应设置点位的变形量检测	—	
焊接	红外测温仪	主要负责焊前预热以及焊接过程中层间温度的检测	—	
焊接	接触传感器	通过焊丝与工件的碰触，实现高精度的焊缝初始寻位	KUKA.TouchSense, FANUC Touch Sensor 等	
焊接	电弧传感器	通过检测机器人焊枪摆动过程中焊接电流、电弧电压等信号，实现对焊缝位置的实时自动跟踪	KUKA.SeamTech，FANUC Thru-Arc Seam Tracking (TAST), MOTOMAN COMARC 等	
焊接	激光视觉传感器	通过检测激光发射结构光信号获取接头、坡口图像信息，实现焊枪对中焊缝中心	FANUC iRVision, Moto Sight 2D, Vision Guide 等	

2.1.3 焊接机器人的工作原理

（1）示教-再现 因人工智能技术与工业机器人技术深度融合尚未成熟，目前市

— 39 —

面上的焊接机器人主要是计算智能机器人和传感智能机器人，其工作原理为"示教－再现"。示教是指编程员以在线或离线方式导引机器人，逐步按实际作业内容"调教"机器人，并以任务程序的形式将上述过程逐一记忆下来，存储在机器人控制器内的SRAM（Static Random Access Memory）中；再现是通过存储内容的"回放"，机器人能够在一定精度范围内按照指令逻辑重复执行任务程序记录的动作。采用"数字焊工"进行自动化作业，需预先赋予机器人"运动学"信息，如图2-13所示。

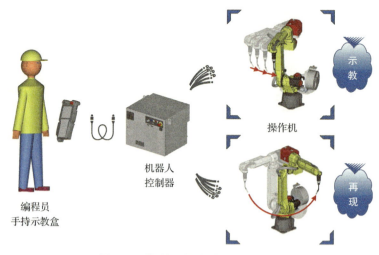

图2-13　焊接机器人的示教－再现

从机构学角度分析，焊接机器人操作机（本体）可以看成是由一系列刚体（杆件）通过转动或移动副（关节）组合连接而成的多自由度空间链式机构。如前所述，机器人各个关节轴可以独立运动，末端执行器的位姿、速度、加速度、力或力矩与各关节轴的位置和驱动力密切关联。那么，焊接机器人在执行任务过程中如何实现多个关节轴运动的分解与合成？如何在指定时间内按指令速度沿某一路径运动？又如何保证机器人末端执行器（焊枪）的位姿准确度及重复性？要弄清这些问题，就需要对焊接机器人运动控制（学）有所了解。概括来讲，在机器人运动学中，存在以下两类基本问题：

1）运动学正解（Forward Kinematics）。运动学正解也称正向运动学，已知一机械杆系关节的各坐标值，求该杆系内两个部件坐标系间的数学关系。对于焊接机器人操作机而言，运动学正解一般指求取（焊枪）工具坐标系和（参考）机座坐标系间的数学关系。机器人示教过程中，机器人控制器逐点进行运动学正解运算，解决的是"去哪儿？"（Where）问题，如图2-14a所示。

2）运动学逆解（Inverse Kinematics）。运动学逆解也称逆向运动学，已知一机械杆系两个部件坐标系间的关系，求该杆系关节各坐标值的数学关系。对于焊接机器人操作机而言，运动学逆解一般指求取的（焊枪）工具坐标系和（参考）机座坐标系间关节各坐标值的数学关系。当机器人再现时，机器人控制器逐点进行运动学逆解运算，将角矢量分解到操作机的各关节，解决的是"怎么去？"（How）问题，如图2-14b所示。

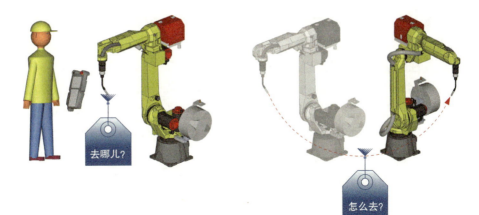

a）运动学正解（示教）　　　　　　b）运动学逆解（再现）

图 2-14　焊接机器人示教–再现的运动学正解和逆解

（2）运动控制　焊接机器人运动控制的焦点是机器人末端执行器（焊枪）的空间位姿。目前，第一代机器人的基本动作控制方式主要有点位控制、连续路径控制和轨迹控制三种，第二代和第三代机器人的动作控制还包括传感控制、学习控制和自适应控制等。

1）点位控制（Pose To Pose Control）。点位控制也称 PTP 控制，是编程员只将目标指令位姿赋予焊接机器人，而对位姿间所遵循的路径不作规定的控制方法。PTP 控制只要求机器人末端执行器（焊枪）的指令位姿精度，而不保证指令位姿间所遵循的路径精度。如图 2-15 所示，倘若选择 PTP 控制焊接机器人末端执行器（焊枪）从点 A 运动到点 B，那么机器人可沿①～③中的任一路径运动。PTP 控制方式简单易实现，适用于仅要求位姿准确度及重复性的场合，如机器人点焊和弧焊非作业区间等。

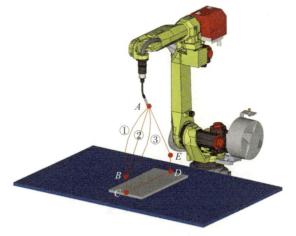

工业机器人的运动控制

图 2-15　焊接机器人的点位控制和连续路径控制

2）连续路径控制（Continuous Path Control）。连续路径控制也称 CP 控制，是编程员将目标指令位姿间所遵循的路径赋予焊接机器人的控制方法。CP 控制不仅要求机器人末端执行器（焊枪）到达目标指令位姿的精度，而且应保证焊接机器人能沿指令路径在一定精度范围内重复运动。如图 2-15 所示，倘若要求焊接机器人末端执行器（焊枪）由点 A 线性运动到点 B，那么机器人仅可沿路径②移动。CP 控制方式适用于要求路径准确度及重复性的场合，如机器人弧焊作业区间等。

3）轨迹控制（Trajectory Control）。轨迹控制是包含速度规划的连续路径控制。焊接机器人示教时，指令路径上各示教点的位姿默认保存为笛卡儿空间（直角）坐标形式；待焊接机器人再现时，机器人主控制器（上位机）从存储单元中逐点取出各示教点空间位姿坐标，通过对其路径进行直线或圆弧插补运算，生成相应的路径规划，然后把各插补点的位姿坐标通过运动学逆解转换成关节矢量，再分别发送给机器人各关节控制器（下位机），如图 2-16 所示。目前焊接机器人轨迹插值算法主要采用直线插补和圆弧插补两种。对于非直线、圆弧运动轨迹，可以通过直线或圆弧近似逼近。

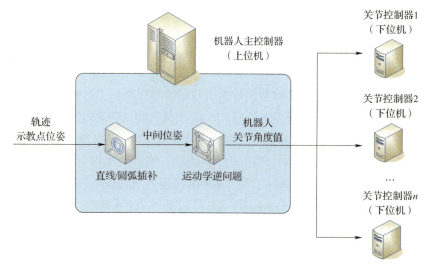

图 2-16　焊接机器人的轨迹插补

为保证焊接机器人运动轨迹的平滑性，关节控制器（下位机）在接收主控制器（上位机）发出的各关节下一步期望达到的位置后，又进行一次均匀细分，将各关节下一细步期望值逐点送给驱动电动机。同时，利用安装在关节驱动电动机轴上的光电编码器实时获取各关节的旋转位置和速度，并与期望位置进行比较反馈，实时修正位置误差，直至精准到位，如图 2-17 所示。

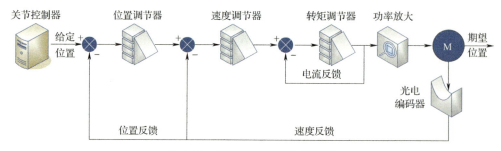

图 2-17　焊接机器人的位置控制

任务实施与评价

图 2-18 是 1+X "焊接机器人编程与维护"初级职业技能培训工作站。请辨识图中标号的系统模块名称,并将各模块的功能填入表 2-6。

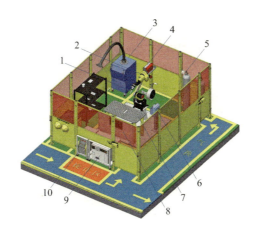

图 2-18 "焊接机器人编程与维护"初级职业技能培训工作站

表 2-6 焊接机器人编程与维护(初级)职业技能培训工作站组成

序号	系统模块名称	模块功能描述
1		
2		
3		
4		
5		
6		
7		
8		
9		
10		

任务拓展

» 请列举 3～5 个你所熟知的焊接机器人应用场景,并简要说明各应用场景中焊接机器人系统配置的差异。

_____
_____
_____

拓展阅读

FANUC 焊接机器人

FANUC焊接机器人

焊接机器人和焊接电源是标准焊接机器人系统组成中的两种不同功能核心设备。FANUC 公司的产品优势在于焊接机器人，目前已成功研制生产 ARC Mate 50iD、ARC Mate 100iD 和 ARC Mate 120iD 等近十种型号的弧焊机器人。各型号焊接机器人提供有模拟量通信、现场总线通信和工业以太网通信等标准通信接口，满足机器人系统集成商或客户对国内外主流品牌焊接电源成套系统集成的需求。（扫描二维码）

▶ 任务 2.2　熟知焊接机器人安全常识

任务提出

焊接机器人是一套集光、机、电于一体的柔性数字化装备，其应用编程、调试和维护过程中的作业安全至关重要。从工艺角度而言，伴随焊接产生的烟尘、弧光、噪声、废气、残渣、飞溅和电磁辐射等可能危害人体健康；从设备角度来讲，焊接机器人末端最高速度可达 2～4m/s，尤其焊枪前端为裸露的钢质焊丝，稍有不慎就可能发生碰撞和划伤等人机损伤行为。因此，规范管理和维护焊接机器人的安全标识，是安全、高效使用机器人焊接的首要前提。

本任务通过安装（贴）焊接机器人工作站的安全标志，培养学生熟知常见的机器人安全标志、防护装置和操作规程。

知识准备

2.2.1　安全防护装置

现有市场上应用的焊接机器人绝大多数属于传统工业机器人，需要在焊接机器人工作区域内使用固定式防护装置（可拆卸掉的护栏、屏障、保护罩等）或活动式防护装置（手动操作或电动的各种门和保护罩等）制作出安全作业空间，如图 2-19 所示。

> » 为确保机器人作业过程安全，主流机器人控制器基本都采用双保险安全回路。
> » FANUC 机器人控制器内的急停安全控制板上提供有外部紧急停止（EES）、安全护栏（EAS）输入端子和外部紧急停止（ESPB）输出端子。

a) 安全防护房 + 安全门锁 + 遮光屏

b) 安全防护房 + 安全地毯 + 遮光屏

c) 安全防护房 + 安全光幕 + 遮光屏

d) 安全防护房 + 激光区域保护扫描器 + 遮光屏

图 2-19　机器人工作站安全防护装置

2.2.2　常见安全标志

为预防焊接机器人安调、编程和维修过程中的安全事故，通常在机器人系统各模块的醒目位置安装（贴）相应的安全标志。表 2-7 列出了焊接机器人系统配置的禁止标志、警告标志、指令标志和提示标志等安全标志。

表 2-7　常见的焊接机器人系统安全标志

编号	图形标志	图标名称	编号	图形标志	图标名称
1	⚠	当心机器人 Warning robot moves	2	⚠	当心高压气体 Warning compressed gas

（续）

编号	图形标志	图标名称	编号	图形标志	图标名称
3		注意安全 Warning welding in progress	10		禁止吸烟 No smoking
4		当心弧光 Warning arc flash	11		必须戴安全帽 Must wear safety helmet
5		当心焊接烟尘 Warning weld fumes	12		必须戴焊接面罩 Must wear welding mask
6		当心焊接飞溅 Warning weld spatter	13		必须戴防尘口罩 Must wear dustproof mask
7		当心高温表面 Warning hot surface	14		必须穿焊工工作服 Must wear welding suite
8		当心触电 Warning electric shock	15		必须戴焊工手套 Must wear welding glove
9		禁止倚靠 No leaning	16		必须穿防护鞋 Must wear protective shoes

说明：以上安全标志可自行线上采购。

2.2.3 安全操作规程

工业机器人及其系统和生产线的相关潜在危险（如机械危险、电气危险和噪声危害等）已得到广泛承认。鉴于工业机器人在应用中的危险具有可变性质，GB 11291.1—2011《工业环境用机器人　安全要求　第1部分：机器人》提供了在设计和制造工业机器人时的安全保证建议；GB 11291.2—2013《机器人与机器人装备　工业机器人的安全要求　第2部分：机器人系统与集成》提供了从事工业机器人系统集成、安装、功能测试、编程、操作、保养和维修的人员安全防护准则。机器人使用人员应接受所从事工作的相关专业培训。下面仅列出手动模式和自动模式下的一般注意事项。

（1）手动模式　手动模式分为手动降速模式（T1模式或示教模式）和手动高速模式（T2模式或高速程序验证模式）。在手动降速模式下，机器人工具中心点（TCP）的运行速度限制在250mm/s以内，以确保使用者有足够的时间从危险运动中脱身或停止机器人运动。手动降速模式适用于机器人的慢速运行、任务编程以及程序验证，也可被选择用于机器人的某些维护任务；在手动高速模式下，机器人能以指定的最大速度（高于250mm/s）运行，适合程序验证和试运行。无论手动降速模式，还是手动高速模式，机器人的使用安全要求如下：

1）严禁携带水杯和饮品进入操作区域。

2）严禁用力摇晃和扳动机械臂，禁止在机械臂上悬挂重物，禁止倚靠机器人控制器或其他控制柜。

3）在使用示教盒和操作面板时，为防止发生误操作，禁止戴手套进行操作，应穿戴适合于作业内容的工作服、安全帽和安全鞋等。

4）非工作需要，不宜擅自进入机器人操作区域，如果编程人员和维护技术人员需要进入操作区域，应随身携带示教盒，以防止他人误操作。

5）在编程与操作前，应仔细确认系统安全防护装置和互锁功能异常，并确认示教盒能正常操作。

6）点动机器人时，应事先考虑机器人操作机的运动趋势，宜选用低速模式。

7）在点动机器人过程中，应排查规避危险或逃生的退路，以避免由于机器人和外围设备而堵塞路线。

8）时刻注意周围是否存在危险，以便在需要的时候可以随时按下紧急停止按钮。

（2）自动模式　机器人控制系统按照任务程序运行的一种操作方式，也称Auto模式或生产模式。当查看或测试机器人系统对任务程序的反应时，机器人使用的安全要求如下：

1）执行任务程序前，应确认安全栅栏或安全防护区域内没有非授权人员停留。

2）检查安全保护装置安装到位且处于运行中，如有任何危险或故障发生，在执行任务程序前，应排除故障或危险并完成再次测试。

3）操作人员仅执行本人编制或了解的任务程序，否则应在手动模式下进行程序验证。

4）在执行任务过程中，机器人操作机在短时间内未做任何动作，切勿盲目认为程序执行完毕，此时机器人极有可能在等待让它继续动作的外部输入信号。

» 工作人员可以通过机器人控制器操作面板和示教盒上的【模式】旋钮实现手动模式和自动模式的切换，如图 2-20 所示。

图 2-20　FANUC R-30iB 机器人控制器
1—B-Cabinet　2—A-Cabinet　3—Mate Cabinet　4—Open-Air Cabinet

2.2.4　焊接劳保用品

焊接现场环境较为恶劣，焊接烟尘、弧光、飞溅、电磁辐射等可能会危害人体健康，因此在焊接作业开始前须穿戴好劳保用品（图 2-21），具体要求如下：

1）正确佩戴安全帽。进入工作区域前，必须戴好安全帽。

2）穿好焊接防护服。焊接防护服具备阻燃功能，可以保护操作人员不被烫伤和烧伤。

3）穿好绝缘鞋。通常焊接电源的输入电压一般为 220～380V，绝缘鞋是防止触电事故发生的重要保证。

4）准备好焊工手套、护目镜或面罩。装卸或预装配焊接试件时，须穿戴绝缘手套，避免被试件边角划伤。焊前须戴上护目镜或头盔式面罩。特别强调的是，手持示教盒进行机器人任务编程时，为提高按键操作的感知效果，须摘下焊工手套。

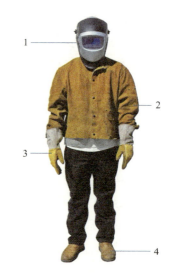

图 2-21　焊接防护用品穿戴示意
1—头部（眼睛）防护　2—身体防护
3—手部防护　4—脚部防护

任务实施与评价

本项任务是在机器人操作机、焊接电源、自动遮光屏、焊接工作台和储气瓶等合适位置安装（贴）禁止倚靠标志、当心触电标志、当心弧光标志、当心高温表面标志和当心高压气体标志，从电、光、热、机、气五个维度醒目示出焊接机器人工作站的安全警示信息。具体步骤如下：

1）安装（贴）禁止倚靠标识。选取"禁止倚靠"磁性标贴，将其安装（贴）在焊接机器人本体的大臂位置，如图2-22所示。

图2-22　安装（贴）禁止倚靠标志

2）安装（贴）当心触电标识。选取"当心触电"磁性标贴，将其安装（贴）在焊接电源侧面位置，如图2-23所示。

图2-23　安装（贴）当心触电标志

3）安装（贴）当心弧光标识。选取"当心弧光"磁性标贴，将其安装（贴）在自动升降遮光屏的醒目位置处，如图2-24所示。

图 2-24 安装（贴）当心弧光标志

4）安装（贴）当心高温表面标识。选取"当心高温表面"磁性标贴，将其安装（贴）在焊接工作台的台面位置，如图 2-25 所示。

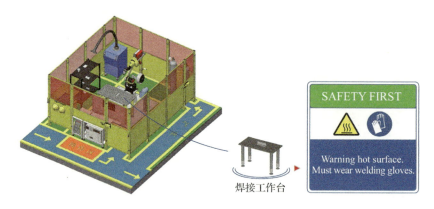

图 2-25 安装（贴）当心高温表面标志

5）安装（贴）当心高压气体标识。选取"当心高压气体"磁性标贴，将其安装（贴）在存放钢制高压储气瓶的醒目位置，如图 2-26 所示。

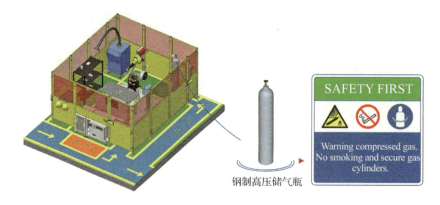

图 2-26 安装（贴）当心高压气体标志

任务拓展

》请列举 2～3 个你所了解的焊接机器人系统防护装置,并阐明各防护装置的工作原理,以及对机器人运动的影响。

_____
_____
_____

拓展阅读

智能协作机器人焊接

随着智能制造发展的不断深入,智能机器人日渐成为机器人产业向多品种和成熟阶段发展的重要方向。与此同时,人机协作作为智能机器人发展的重点领域,通过与互联网、大数据、人工智能等新一代信息技术的深度融合,正加速通过协作机器人这一重要载体释放出巨大发展潜力。(扫描二维码)

智能协作机器人焊接

知识测评

一、填空题

1. 焊接机器人的_____结构和_____结构可以有效克服机器人焊枪电缆在运动过程中与周边环境干涉问题。

2. 现在广泛使用的焊接机器人的基本工作原理是_____。操作者手把手教机器人做某些动作,机器人的控制系统以_____的形式将其记忆下来的过程称之为_____;机器人按照示教时记录下来的程序展现这些动作的过程称之为_____。

3. 焊接机器人的基本动作控制方式主要包括_____和_____两种。当进行_____运动控制时,机器人末端执行器既要保证运动的起点和目标点位姿,而且应保证机器人能沿所期望的轨迹在一定精度范围内跟踪运动。

4. 第一代和第二代焊接机器人通常需要使用_____防护装置或_____防护装置确立安全作业空间。

5. 图 2-27 所示为_____机器人。图中 1 是_____;2 是_____;3 是_____;4_____;5 是_____;6 是_____;7 是_____。

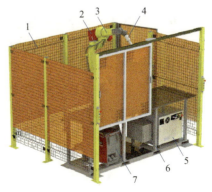

图 2-27 题 5 图

二、选择题

1. 焊接机器人系统组成主要包括（　　）。
①焊接机器人；②焊接系统；③周边（工艺）辅助设备；④传感系统
A. ①②③　　　　B. ②③④　　　　C. ①②③④　　　　D. ①②④

2. 焊接机器人按所采用的焊接工艺方法可以划分为（　　）。
①压焊机器人；②熔焊机器人；③钎焊机器人；④点焊机器人；⑤弧焊机器人
A. ①②③④　　　B. ①②③　　　　C. ②③④⑤　　　D. ①②③④⑤

3. 弧焊机器人焊接系统主要由（　　）构成。
①焊接电源；②送丝机构；③机器人焊枪；④冷却装置；⑤气路装置
A. ①②③④　　　B. ①②③　　　　C. ②③④⑤　　　D. ①②③④⑤

4. 焊接机器人一般设置有（　　）。
①手动降速模式（T1 模式）；②手动高速模式（T2 模式）；③自动模式（Auto 模式）
A. ①②③　　　　B. ①②　　　　　C. ②③　　　　　D. ①③

5. 焊接防护用品通常包括（　　）。
①护目镜；②焊接面罩；③焊接防护服；④焊接防护鞋；⑤焊工手套
A. ①②③④　　　B. ①②③　　　　C. ②③④⑤　　　D. ①②③④⑤

三、判断题

1. 焊接烟尘治理的两种途径，一是采用单机移动式烟尘净化器，二是采用中央/集成式烟尘净化系统。（　　）

2. 接触传感器一般通过焊丝与工件的碰触，实现对焊缝位置的实时自动跟踪。（　　）

3. 机器人运动学正解是已知一机械杆系两个部件坐标系间的关系，求该杆系关节各坐标值的数学关系。（　　）

4. 焊接机器人可以通过外部传感器的实时反馈实现对焊接起始位置的自动寻位和焊接过程的自动跟踪。（　　）

5. 目前焊接机器人轨迹插值算法主要采用直线插补方式。（　　）

6. 熔焊机器人焊枪具有导送焊丝、馈送电流、给送保护气体等功能。（　　）

7. 工业机器人在焊接领域的应用，可以看作是焊接工艺系统和机器人执行系统的成套集成创新。（　　）

8. 当产品结构件体积或质量较大时，可以通过赋予焊接机器人"下肢"移动功能来提高机器人利用率和拓展其作业空间。（　　）

9. 目前主流的焊接机器人控制器大多采用开放式分布系统架构，除具备轨迹规划、运动学和动力学计算等功能外，还装有简化机器人任务编程的工艺软件包和焊接专家数据库。（　　）

10. 当操作机器人控制器操作面板或示教盒时，工作人员可以戴手套操作。（　　）

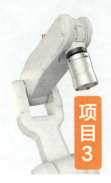

项目 3 小试牛刀，初识焊接机器人的任务编程

正如项目 2 中所述，因机器人智能化编程技术尚未成熟，目前市场上使用的焊接机器人基本采用示教-再现工作原理。概括来讲，焊接机器人的示教主要有两种方式：一是示教编程，由编程员导调机器人运动，并通过界面窗口交互等形式记忆机器人完成任务所需的运动、工艺、信号处理和流程控制等指令，以此完成任务程序的创建；二是离线编程，编程员无须对实体机器人直接进行示教，而是在专业机器人离线仿真系统中进行编程或在模拟环境中进行仿真，然后编译生成任务程序，下载至实体机器人控制器验证并执行程序。

本项目参照 1+X "焊接机器人编程与维护" 国家职业技能等级要求，重点围绕任务编程这一工作领域，以 FANUC 焊接机器人为例，通过尝试机器人堆焊简单任务的示教编程，掌握焊接机器人的编程内容、示教流程和轨迹示教，并完成机器人任务程序的创建。根据焊接机器人编程员的岗位工作内容，本项目共设置两项任务：一是机器人焊接任务程序创建；二是机器人平板堆焊任务编程。

学习目标

素养提升

1）学习易冉吃苦耐劳、爱岗敬业、持之以恒、高度负责的优良品质，培养学生甘于奉献的职业人格。

2）从工程角度出发，强化规范操作意识，培养学生发现问题、分析问题和正确解决问题的能力，养成精益求精、规范操作、心无旁骛的职业素养。

3）通过拓展阅读，了解 FANUC 焊接机器人任务程序文件备份与加载的操作规范，结合仿真软件，培养学生的活学活用的能力和学习迁移能力，激发学生的专业学习兴趣。

知识学习

1）能够识别机器人示教盒按键及功能。
2）能够归纳焊接机器人示教的主要内容和基本流程。

机器人焊接

3）能够规划焊接机器人的运动轨迹。

技能训练

1）能够正确接通与关闭焊接机器人系统电源。
2）能够新建和加载焊接机器人任务程序。
3）能够完成机器人平板堆焊的示教编程。

学习导图

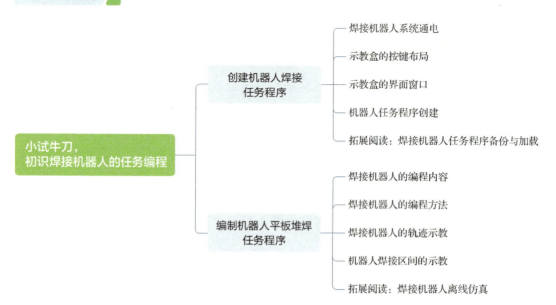

灯塔传承

易冉：焊花闪耀，映照工匠精神

【人物档案】易冉，毕业于武昌技校电焊专业，株洲市总工会副主席（兼），中车株洲车辆有限公司制造二部电焊班班长。23年间，累计参与8万辆新型重载高速铁路货车生产，质量全优。先后参与焊接项目试验100余项次，完成多项技术创新，推动了公司"精益+数字化"制造技术的升级，被评为"全国劳动模范""全国技术能手""湖湘工匠"等。

戴着头盔、护目镜、口罩，身穿厚厚的工作服，专注地看着焊缝，双手稳稳地拿着焊枪焊接车体……这是中车株洲车辆有限公司电焊高级技师易冉日常的模样。从18岁开始，在23年焊花飞舞的花样年华中，易冉以钢铁作布料，焊出了一手技惊世界的

项目 3 小试牛刀，初识焊接机器人的任务编程

绝活，成为湖南首位女性"大国工匠"。"有时候，焊缝的缺陷误差要小于零点几毫米，手的摆幅就在两三毫米之间，连呼吸都要调整好，喘一下、咳一下都不行。"易冉笑着说，"反正烫都烫了，那就不要半途而废。"多年来，她主持、参与了 30 多种型号重载高速新型车试制，先后率队参与焊接攻关项目试验 100 余项（次）。截至目前，易冉参与焊出的 8 万余辆新型重载高速铁路货车，质量全优。（扫描二维码）

易冉：焊花闪耀，映照工匠精神

【青年寄语】别担心付出得不到回报。心心在一艺，其艺必工，心心在一职，其职必举。

▶ 任务 3.1　创建机器人焊接任务程序

⚙ 任务提出

焊接机器人系统程序可以分为控制程序和任务程序。控制程序是定义焊接机器人或焊接机器人系统的能力、动作和响应度的固有的控制指令集，通常是在安装前生成的，并且以后仅由制造商修改；任务程序是定义焊接机器人系统完成特定任务所编制的运动和辅助功能的指令集，一般是在安装后生成的，并可在规定的条件下由通过培训的人员（如编程员）修改。

本任务要求使用示教盒新建一个"TEST"程序，完成 FANUC 机器人焊接任务程序创建，为后续任务示教与程序编辑做好前期准备。

⚙ 知识准备

3.1.1　焊接机器人系统通电

合理的系统通电顺序是保证焊接机器人系统正常安全运行的基本前提，也是避免安全事故发生和设备损坏的基础保障。图 3-1 所示为焊接机器人系统通电操作流程。

除电源融合型焊接机器人外，从电网市电（一次电源）到机器人控制器额定输入电压（二次电源），成熟品牌的焊接机器人制造商通常会增加一个变压器模块。对 FANUC 焊接机器人而言，可以参照如下步骤启动进入系统：

1）闭合一次电源设备开关，如工位电源开关。
2）接通焊接电源及附属设备电源。
3）接通机器人控制器电源。此时系统开始将进程状态数据发送至人机交互终

端（如示教盒），待加载完毕弹出系统（声明）初始界面，显示已安装工艺软件包（如 ArcTool）及版本等信息，如图 3-2 所示。

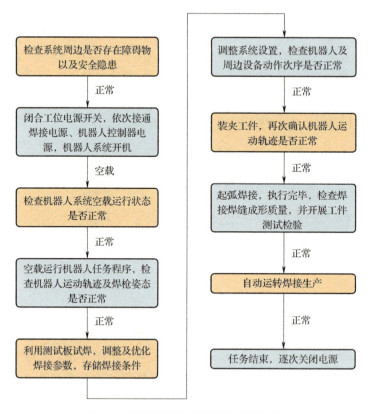

图 3-1　焊接机器人系统通电操作流程

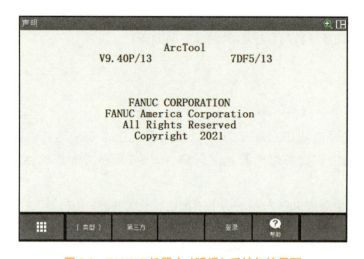

图 3-2　FANUC 机器人（弧焊）系统初始界面

4）系统登录角色切换。工作人员默认以"生产"级别登录 FANUC 机器人系统，操作权限为启动（或关闭）机器人系统、选择和启动任务程序等。当需要编辑任务程

项目 3　小试牛刀，初识焊接机器人的任务编程

序、配置系统参数时，对照机器人系统使用权限，选择合适角色登录。FANUC 机器人系统设置八个级别的工作权限，见表 3-1。

表 3-1　FANUC 机器人系统权限管理

权限等级	职业岗位	机器人操作权限
生产	操作员	启动或关闭机器人工作站、启动任务程序、选择运行方式
示教	编程员	启动任务程序、选择任务程序、选择运行方式、工具坐标系设置、机器人零点校准、系统参数配置、任务编程调试
设置		
安装	维护工程师	启动或关闭机器人工作站、启动任务程序、选择任务程序、选择运行方式、工具坐标系设置、机器人零点校准、系统参数配置、任务编程调试、系统投入运行、日常保养维护、设备故障维修、系统停止运转、设备吊装运输
等级 3～7	—	默认与"生产"权限等同，可由"安装"身份自定义权限

> » 焊接机器人（工作站）系统的关闭顺序与开机顺序相反。
> » 关闭焊接机器人系统前，关闭各保护气体储气瓶的阀门，并释放减压阀压力至零。
> » 焊接机器人系统热启动时，应等待 3s 以上再重新接通机器人控制器电源。
> » FANUC 机器人系统权限设置，依次选择主菜单【设置】→【密码】，进入机器人用户权限管理一览界面。

3.1.2　示教盒的按键布局

示教盒作为调试、编程、监控、仿真等多功能智能交互终端，主要由（物理）按键、显示屏以及外设接口等组成。与欧系的触屏操作为主设计理念不同，为延续 FANUC 数控系统使用者已有的操作习惯，FANUC R-30iB 及其 plus 系列控制器配置的 iPendant 示教盒，其上正、反两面共布置有 72 个物理键控开关、两个 LED 指示灯和一个液晶显示屏（分辨率 1024 像素 ×768 像素），如图 3-3 所示。按功能划分，可将上述物理按键分成安全、菜单、点动、编辑、测试、应用和状态七类功能键，各按键名称和指示灯功能请扫描二维码查阅。

> » FANUC 机器人系统变量 \$SHFTOV_ENB=1 时，【倍率键】和【上档键】一并按下方有五个倍率档位；否则（\$SHFTOV_ENB=0），点按【上档键】无效果。
> » FANUC 机器人示教盒上布置的 4～5 个应用功能键视应用工艺而不同。
> » 除上述 72 个物理键控开关外，机器人示教盒上布置有两个 LED 指示灯：电源灯和报警灯。
> » 为方便系统（运行和应用）文件备份与加载，机器人控制器的操作面板和示教盒的侧面预留有 USB 接口。

— 57 —

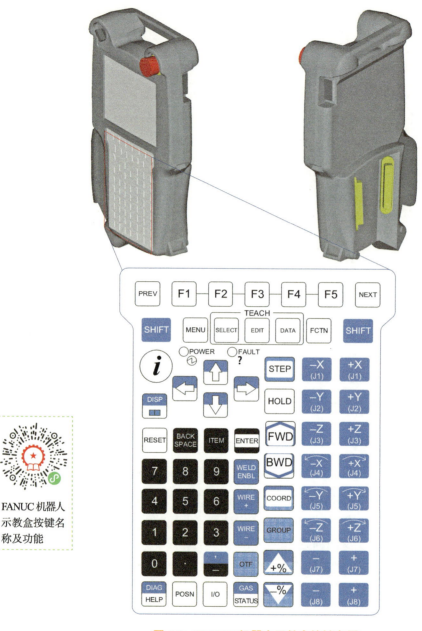

图 3-3　FANUC 机器人示教盒按键布局

3.1.3　示教盒的界面窗口

除物理键控开关操作外,机器人示教盒具有的点动、调试、监控等功能还可以通过(弹出)菜单、界面及软键控开关等方式实现。

(1) 界面显示　FANUC 机器人示教盒的整个液晶界面自上而下可以分为四个显示区:状态栏、标题栏、主窗口区和功能菜单(图标)栏,如图 3-4 所示。其中,界面顶部的状态栏从左至右又划分成系统状态指示灯、文本信息和速度倍率三个区域。八个

项目3 小试牛刀,初识焊接机器人的任务编程

系统状态指示灯"点亮"时显示为红、黄、绿三色,其表达的含义请扫描二维码查询。界面底部的功能菜单(图标)栏从左至右又划分成七个图标区,分别对应【返回键】【功能菜单】【翻页键】。值得关注的是,当界面主窗口区的显示内容变化时,功能菜单(图标)栏的显示随之改变。

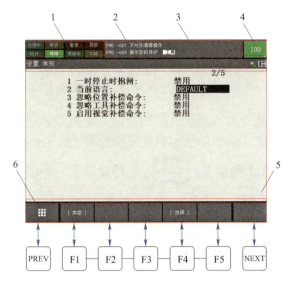

FANUC 机器人示教盒状态栏指示灯的名称及含义

图 3-4 FANUC 机器人示教盒的界面布局

1—状态栏(指示灯) 2—状态栏(文本信息) 3—标题栏
4—状态栏(速度倍率) 5—主窗口区 6—功能菜单(图标)栏

当进行机器人功能测试、程序验证等较复杂操作时,需要及时查阅系统 I/O 状态,此时可以通过 SHIFT【上档键】+ DISP【分屏键】组合键,分割示教盒液晶界面,然后单独点按 DISP【分屏键】在多界面之间切换,如图 3-5 所示。

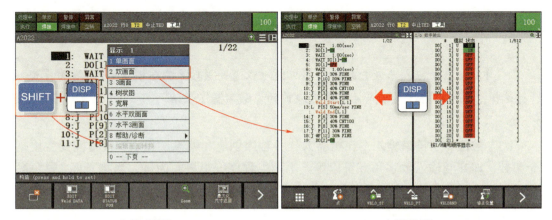

a)界面分割　　　　　　　　　　　b)界面切换

图 3-5 FANUC 机器人示教盒的界面分割与切换

— 59 —

> FANUC 机器人示教盒的光标"高亮"显示默认主要分为两种：菜单光标采用蓝色背景和主窗口区选择黑色背景。

（2）菜单选择　FANUC 机器人示教盒的弹出菜单可以分成四类：主菜单、辅助菜单、功能菜单和弹出菜单，如图 3-6 所示。其中，主菜单的显示/消失是通过点按 MENU【主菜单】，包括实用工具、试运行、报警、设置、文件、I/O、状态、系统等选项；辅助菜单的显示/消失是通过点按 FCTN【辅助菜单】，包括中止程序、禁止前进后退、切换运动组、解除等待、保存、打印界面、重新启动等选项；功能菜单视界面主窗口区的显示内容而定，一般位于示教盒界面底部（图 3-4）；弹出菜单由若干功能组合键触发，如 SHIFT【上档键】+ COORD【坐标系键】一并按下时，在示教盒液晶界面的右上角弹出坐标系菜单。

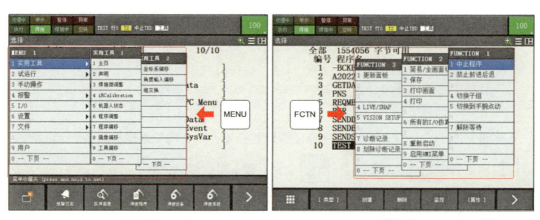

a）主菜单　　　　　　　　　　　　b）辅助菜单

图 3-6　FANUC 机器人示教盒的弹出菜单

> FANUC 机器人示教盒的弹出菜单既可以通过点按【方向键】+【回车键】进行选择，又可以通过直接点按菜单选项前的【数字键】激活。

（3）数值和字符串输入　在机器人任务程序创建和编辑过程中，经常需要变更指令参数，即交互输入数字和字符串等。不妨以程序编辑界面为例，当将光标（黑色高亮显示）移至指令（数字）要素上时，主窗口区底部显示"输入数值"，此时点按示教盒上的【数字键】完成数值输入并点按 ENTER【回车键】即可（图 3-7a）；当将光标（黑色高亮显示）移至指令（字符串）要素上时，主窗口区底部显示"输入数值或点按【回车键】"，此时点按示教盒上的 ENTER 【回车键】，弹出字符输入菜单（图 3-7b），选择合适的模式，通过软键盘或【功能菜单】(F1 … F5)选择相应字符完成输入即可。

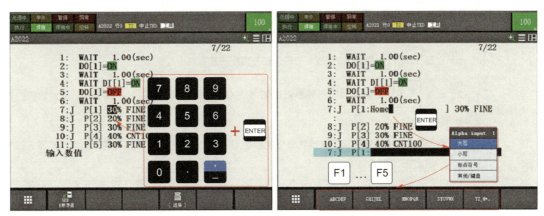

a）输入数值　　　　　　　　　　　　b）输入字符串

图 3-7　FANUC 机器人示教盒的交互输入

3.1.4　机器人任务程序创建

文件是数据在机器人控制器（系统）内的存储单元。一般来讲，机器人控制器（系统）存储的文件包含系统运行文件和系统应用文件两种类型。系统运行文件指的是机器人操作系统文件，类似个人计算机（PC）里的 Windows 系统文件，出厂时已被固化在控制器（系统）存储单元的 FROM（Flash Read Only Memory）中，无法随意变更或修改；系统应用文件指的是任务程序文件、系统参数文件、I/O 配置文件等，通常被保存在控制器（系统）存储单元的 SRAM（Static Random Access Memory）中，同 Windows 系统文件操作类似，可以根据需要新建、保存、删除、打开等。FANUC 机器人任务程序文件的相关操作步骤见表 3-2。

表 3-2　FANUC 机器人系统（应用）文件操作

类别	操作步骤
新建程序	1）切换控制器操作面板上的【模式旋钮】至"T1"或"T2"位置（手动模式） 2）将示教盒左上角的【使能键】对准"ON"，启用机器人示教盒 3）点按 SELECT 【一览键】，弹出机器人任务程序一览界面 4）点按 F2 【功能菜单】选择界面功能菜单（图标）栏的"创建"，弹出"新建任务程序"界面 5）使用软键盘等输入任务程序名称，连续点按 ENTER 【回车键】确认，新创建的任务程序文件（*.TP）被记忆至机器人控制器（系统）存储单元

（续）

类别	操作步骤
保存程序	1）点按 FCTN【辅助菜单】，弹出系统辅助菜单 2）点按【方向键】移动光标，选择弹出菜单中的"保存"，任务程序文件（*.TP）被记忆至机器人控制器（系统）存储单元
删除程序	1）点按 SELECT【一览键】，切换至机器人任务程序一览界面 2）点按 F3【功能菜单】选择界面功能菜单（图标）栏的"删除"，界面显示"是否删除？"确认信息 3）点按 F4【功能菜单】选择界面功能菜单（图标）栏的"是"，确认后删除选择的机器人任务程序
打开程序	1）点按 SELECT【一览键】，切换至机器人任务程序一览界面 2）点按【方向键】移动光标，选择目标程序文件 3）点按 ENTER【回车键】确认，进入机器人任务程序编辑界面

任务实施与评价

本项任务是使用 FANUC 机器人示教盒新建一个 "TEST" 任务程序文件。具体步骤如下：

1）参照上文焊接机器人系统通电规范，依次接通焊接电源和机器人控制器电源。

2）切换控制器操作面板上的【模式旋钮】至 "T1" 或 "T2" 位置（手动模式）。

3）将示教盒左上角的【使能键】对准 "ON"，启用机器人示教盒。

4）点按 SELECT【一览键】，弹出机器人任务程序一览界面，如图 3-8 所示。

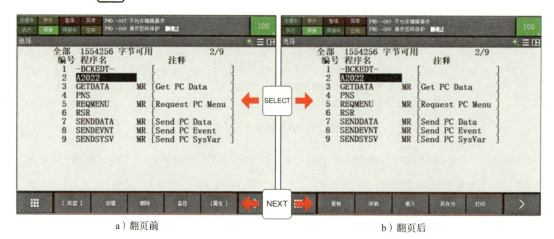

a）翻页前　　　　　　　　　　b）翻页后

图 3-8　FANUC 机器人任务程序一览界面

5）点按 F2【功能菜单】选择界面功能菜单（图标）栏的"创建"，弹出"新建任务程序"界面（图3-9a）。点按【方向键】移动光标，切换大小写输入模式，使用【功能菜单】（F1…F5）选择相应字母，输入任务程序名称"TEST"，点按 ENTER【回车键】确认，结束机器人任务程序文件名称输入（图3-9b）。

6）点按 F2【功能菜单】选择界面功能菜单（图标）栏的"详细"，切换至"程序文件属性"查阅编辑界面（图3-9c）。点按【方向键】移动光标，选择名称、子类型、注释、组掩码、写保护等文件属性选项，使用【功能菜单】（F4 和 F5）变更选项内容，然后点按 F1【功能菜单】结束，进入机器人任务程序编辑界面（图3-9d）。此时，新创建的任务程序文件（TEST.TP）被记忆至机器人控制器（系统）存储单元。

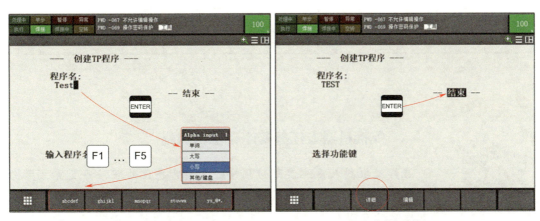

a）输入文件名称　　　　　　　　　b）结束名称输入

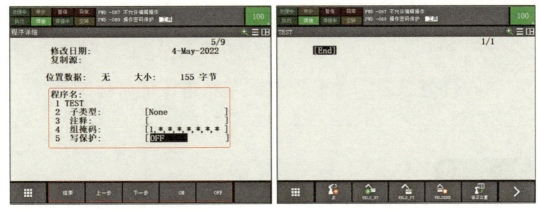

c）编辑文件属性　　　　　　　　　d）程序编辑界面

图3-9　FANUC机器人任务程序文件创建

» FANUC 机器人任务程序文件名称可以是单一英文字母，或字母、数字、记号（仅限下划线 _）组合，长度 1～8 个字符，不可以数字开头命名。

» 依次点按 SELECT【一览键】→ NEXT【翻页键】→ F2【功能菜单】(详细)，同样可以快速进入"程序文件属性"编辑界面。

» 当机器人系统配置附加轴时，可以通过"组掩码"选项设置任务所需的运动轴。

» 若机器人任务程序文件较为重要时，为避免被修改或误删除，可以将"写保护"选项变更为有效（ON）。

任务拓展

» 当创建的焊接机器人任务程序较为重要时，如何避免任务程序被误删除？

_____
_____
_____

拓展阅读

焊接机器人任务程序备份与加载

焊接机器人任务程序备份与加载

在焊接机器人系统实际应用中，需要常态化处理任务变更、焊枪更换以及意外断电导致的系统文件损坏等问题，定期备份机器人系统应用文件就显得尤为重要。对于 FANUC 焊接机器人而言，其常见的系统应用文件类型包括任务程序（*.TP）、系统参数（*.SV）等。(扫描二维码)

▶ 任务 3.2　编制机器人平板堆焊任务程序

任务提出

在焊接机器人实际使用过程中，经常会遇到机器人堆焊需求：一是在测试钢板表面堆焊，试验焊接参数的合理性；二是在焊接部件或产品表面堆焊图案或字符，如公司品牌标识；三是在部件或产品表面堆焊异种合金，提升耐磨、耐热、耐蚀等性能。

本任务要求使用富氩气体（如 Ar80%+$CO_2$20%，数值为体积分数，下同）、直径为 1.0mm 的 ER50-6 实心焊丝，尝试在碳素钢表面平敷堆焊一道焊缝（焊缝宽度为 8mm），完成 FANUC 机器人的简单示教编程，深化对焊接机器人"示教 – 再现"工作原理的理解。

知识准备

3.2.1 焊接机器人的编程内容

采用"数字焊工"进行自动化焊接作业，需预先赋予机器人"仿人"信息，即焊接机器人任务编程（示教）的主要内容，包括运动轨迹、焊接条件和动作次序，如图 3-10 所示。

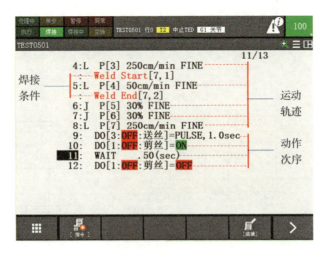

图 3-10　焊接机器人的任务程序界面

（1）运动轨迹　运动轨迹是为完成焊接作业，机器人工具中心点（TCP）所掠过的路径。从控制方式看，焊接机器人具有点到点（PTP）运动和连续路径（CP）运动两种形式，分别适用于非焊接区间和焊接区间；按运动路径区分，焊接机器人具有直线、圆弧、直线摆动和圆弧摆动等动作类型，其他复杂运动轨迹可由其组合而成。针对规则焊缝，原则上仅需示教几个关键位置的点位信息。例如，直线焊缝轨迹一般示教两个位置点（直线轨迹起始点和结束点），弧形焊缝轨迹通常示教三个位置点（圆弧轨迹起始点、中间点和结束点）。各端点之间的 CP 运动则由机器人控制系统的路径规划模块通过插补运算生成。

（2）焊接条件　机器人焊接作业涉及气、电、液等多元介质，工艺参数较多，关键参数包括焊接电流（或送丝速度）、电弧电压、焊接速度、收弧电流、弧坑处理时间等。焊接条件的设置主要有三种方法：一是通过焊接指令调用数据库表格或文件；二是直接在焊接指令中输入焊接条件；三是手动设置，如弧焊作业时焊丝干伸长度和保护气体流量大小。

（3）动作次序　焊接作业动作次序的规划涉及单一工件焊接顺序和多品种（或多批次）工件焊接顺序，机器人引弧和收弧次序，以及机器人与周边（工艺）辅助设备协调或协同运动次序等。在一些简单的焊接任务场合，机器人动作次序与运动轨迹规划合二为一。机器人与周边（工艺）辅助设备的动作协调或协同，应以保证焊接质量、减少停机时间、确保生产安全为基本准则，可以通过调用信号处理和流程控制等次序（逻辑）指令实现。

3.2.2　焊接机器人的编程方法

焊接机器人的应用在帮助企业应对人工成本上涨、劳动力供给不足等方面提供强力支撑，现已赢得企业的广泛关注。然而，面对当下大规模、多品种、小批量柔性制造诉求，繁杂的焊接机器人任务编程对于多数企业员工而言，显得技术门槛过高，严重制约焊接机器人投产效率和作业任务更迭。目前常用的焊接机器人任务编程方法有两种，示教编程和离线编程，如图3-11所示。

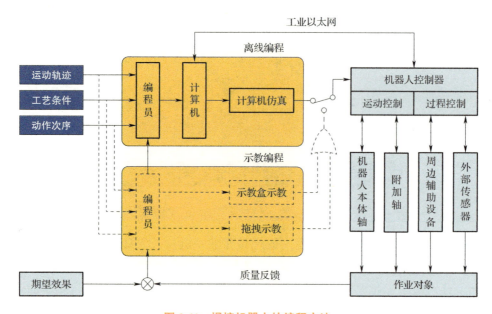

图 3-11　焊接机器人的编程方法

（1）示教编程　编程员直接手动拖拽机器人末端执行器，或通过示教盒点动机器人逐步通过指定位置，并用机器人文本或图形语言（如FANUC机器人的KAREL语言、ABB机器人的RAPID语言等）记录上述目标位置、焊接条件和动作次序，如图3-12所示。因编制的程序指令语句具有直观方便、无须建立系统三维模型、对实体机器人进行示教可以修正机械结构误差等优点，示教编程受到机器人使用者的青睐。编程员经过专业的培训后，易于掌握此方法。但是，采用示教编程通常是在机器人现场进行的，存在编程过程烦琐、效率低、易发生事故，且轨迹精度完全依靠编程员的目测决定等弊端。

a）示教盒编程　　　　　　　　　　　　　　b）拖拽编程

图 3-12　焊接机器人的示教编程

（2）离线编程　在与机器人分离的专业软件环境下，建立机器人及其工作环境的几何模型，采用专用或通用程序语言，以离线方式进行机器人运动轨迹的规划编程，如图 3-13 所示。离线编制的程序通过支持软件的解释或编译产生目标程序代码，最后生成机器人轨迹规划数据。与示教编程相比，离线编程具有减少机器人不工作时间、使编程员远离可能存在危险的编程环境、便于与 CAD/CAM 系统结合、能够实现复杂轨迹编程等优点。当然，离线编程也有一些缺点。例如，离线编程需要编程员掌握相关知识；离线编程软件（如 FANUC 公司开发的 Roboguide、ABB 公司开发的 RobotStudio、Panasonic 公司开发的 DTPS 等）也需要一定的投入；对于简单轨迹编程而言，离线编程没有示教编程的效率高；离线编程无法展现工艺条件变更带来的作业过程和质量变化；离线编程可能存在的模型误差、工件装配误差和机器人定位误差等都会对其精度有一定的影响。

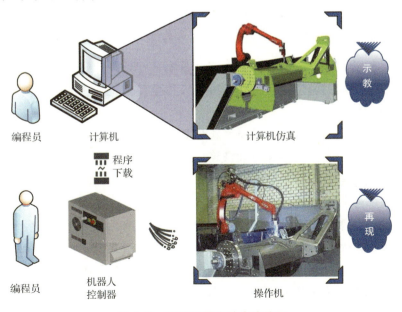

图 3-13　焊接机器人的离线编程

值得一提的是，近年来为有效解决大型钢结构机器人作业编程效率低下的难题，以箱体格挡等典型钢结构为切入点，机器人系统集成商和终端客户联合开发出机器人快速参数化编程技术。通过手动输入钢结构的几何特征参数，快速生成构件三维数模，然后将其导入离线编程软件，依次完成机器人路径规划、轨迹生成和干涉校验等工作，并将优化后的任务程序下载至机器人控制器，实现机器人自动化作业，如图3-14所示。

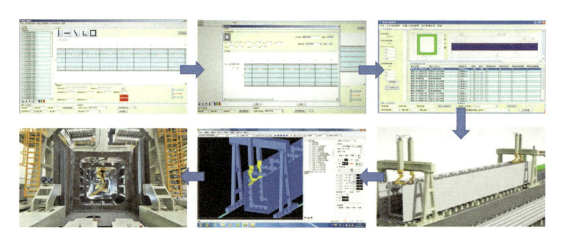

图3-14　焊接机器人的快速参数化编程

无论示教编程还是离线编程，其主要目的均是完成机器人焊接作业运动轨迹、焊接条件和动作次序的示教，任务编程的基本流程如图3-15所示。显然，焊接机器人的示教包括示教前的准备、任务程序的创建和任务程序的手动测试等主要环节；再现则是通过本地或远程方式自动运转优化后的任务程序。

3.2.3　焊接机器人的轨迹示教

熟知焊接机器人任务编程的主要内容和基本流程后，针对具体任务应首先进行机器人路径规划，选取关键位置点，点动机器人移至目标位置，记忆示教点信息，然后测试运动路径。

（1）**路径规划**　连接起点位置和终点位置的序列点或曲线称为路径，构成路径的策略称为路径规划。焊接机器人的路径规划主要是让机器人携带焊枪在工作空间内找到一条从起点到终点的无碰撞安全路径。为高效创建机器人任务程序，缩短运动路径的示教时间，一般将机器人运动路径离散成若干个关键位置点，并在任务编程前进行预定义，如原点位置（作业原点）、参考位置（临近点和回退点）等。原点位置（作业原点，HOME）是所有作业的基准位置，它是机器人远离作业对象（待焊工件）和外围设备的可动区域的安全位置；参考位置是临近焊接作业区间、调整工具姿态的安全位置。通常机器人到达该位置时，机器人控制器中参考位置分配的通用I/O输出信号接通。

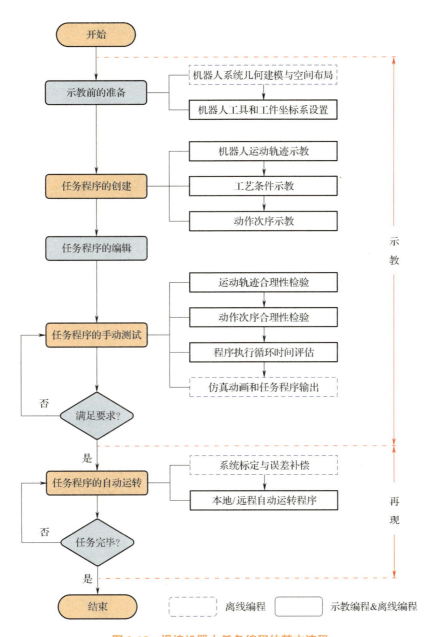

图 3-15 焊接机器人任务编程的基本流程

此外，机器人焊枪指向（工具姿态）和焊接方向（路径方向）对焊缝成形、飞溅大小、气体保护效果等有重要影响。对于熔化极气体保护焊而言，机器人携带焊枪可以采取左焊法和右焊法两种方式，如图 3-16 所示。左焊法（前进焊或后倾焊）指焊接热源从接头右端向左端移动，并指向待焊部分的操作方法。由于焊接电弧大部分作用在熔池上，该方式具有熔深浅、焊道宽的特点，而且编程员从焊接电弧一侧呈 45°～70° 视角易于观察焊接电弧和熔池；右焊法（后退焊或前倾焊）指焊接热源从接头左端向右端移动，并指向已焊部分的操作方法，具有熔深大、焊道窄的特点。该方式下机器人焊枪阻挡了编程员的视线，难以观察焊接电弧和熔池变化情况。表3-3列出了左焊法和右焊法在实际焊接生产中的适用场合。

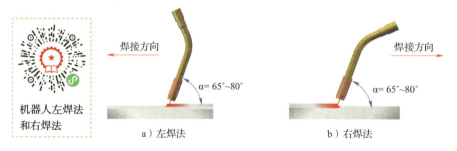

机器人左焊法和右焊法

图 3-16 焊接机器人左焊法和右焊法示意

表 3-3 左焊法和右焊法在实际焊接生产中的适用场合

焊接位置	适用场合	焊接方式	
		左焊法	右焊法
平（角）焊、船形焊	薄板	适合，熔深浅且焊缝较平	不适合，熔深大、易烧穿
	中厚板	不适合，熔深浅，无法保证焊透	适合，能够保证良好的熔深
横（角）焊	单道焊	适合，易获得宽而平的焊缝	不合适，窄而深的焊缝易形成凸形焊缝
	多道焊	适合盖面焊	适合打底焊和填充焊

下面以机器人堆焊"1+X"图案为例，其运动路径规划和焊枪姿态规划如图3-17所示。整个路径预定义一个原点位置和两个参考位置，且采用左焊法、保持焊枪行进角（焊枪轴线与焊缝轴线相交形成的锐角）$α=65°\sim 80°$，利于获得良好的熔深和熔池保护效果。

（2）示教点记忆　机器人路径规划将产生若干指令位姿，点动机器人至上述示教点，记忆并生成运动指令集，完成运动轨迹示教。FANUC机器人示教点记忆操作如下：

1）新建或打开任务程序文件。

2）移动光标到插入示教点的下一行。

3）插入空白行。依次点按 NEXT【翻页键】和 F5【功能菜单】，弹出编辑菜单，使用【方向键】移动光标至"插入"，点按 ENTER【回车键】确认，如图3-18a所示。在主窗口区的下部使用【数字键】输入插入行数，并点按 ENTER【回车键】确认，插入空白行，如图3-18b所示。若插入示教点为程序最后一行，则跳过此步骤。

4）消除机器人报警信息。轻握【安全开关】，点按 RESET【复位键】，消除机器人系统报警信息。

项目3 小试牛刀,初识焊接机器人的任务编程

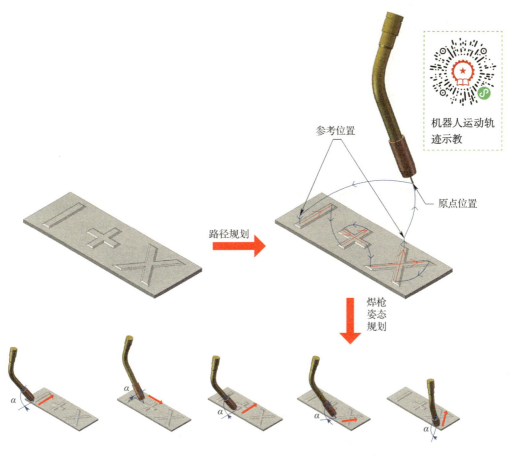

图 3-17 机器人堆焊"1+X"图案运动路径和焊枪姿态规划

5)点动机器人至目标位置。握住【安全开关】的同时,按住 SHIFT【上档键】+【运动键】组合键,点动机器人安全移至目标位置。

6)插入标准运动指令。依次点按 NEXT【翻页键】和 F1【功能菜单】,选择功能菜单(图标)栏的"点",弹出标准动作界面。使用【方向按键】选择标准运动指令,点按 ENTER【回车键】确认,插入示教点,如图 3-18c 所示。

(3)任务程序验证 待机器人运动轨迹、动作次序等示教完毕,需试运行测试任务程序,以检查机器人 TCP 路径和动作次序的合理性,评估任务程序执行的周期时间。FANUC 机器人单步程序测试步骤如下:

1)打开任务程序文件。

2)移动光标至程序首行。

3)激活程序单步验证功能。点按 STEP【单步键】, 单步 (灯灭)→ 单步 (灯亮),激活任务程序单步验证功能。

- 71 -

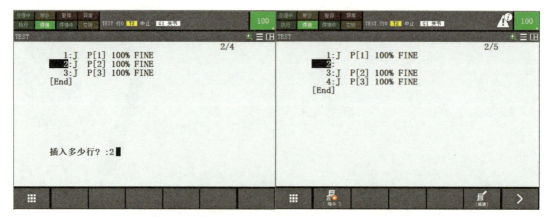

a）输入插入行数　　　　　　　　b）插入空白行

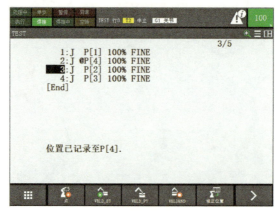

c）插入标准运动指令

图 3-18　示教点记忆界面

4）消除机器人报警信息。轻握【安全开关】，点按 RESET 【复位键】，消除机器人系统报警信息。

5）正向单步测试指令语句。轻握【安全开关】，同时按住 SHIFT 【上档键】+ FWD 【前进键】，程序自上而下顺序单步执行，每执行一条指令语句或每到达一个示教点，自动停止运行。

6）顺序完整测试任务程序。松开 FWD 【前进键】，然后重复步骤5）的操作，直至光标移至程序末尾。

3.2.4　机器人焊接区间的示教

焊接机器人运动轨迹可以分成焊接（作业）区间和空走（非作业）区间。以图 3-19 所示的焊接（作业）区间为例，P[3] 是焊接起始点，P[4] 是焊接路径（中间）点，P[5] 是焊接结束点。FANUC 机器人焊接区间示教要领见表 3-4，机器人任务程序如图 3-20 所示。

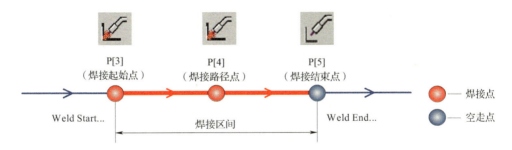

图 3-19 焊接（作业）区间示意

表 3-4 FANUC 机器人焊接区间示教要领

序号	示教点	示教要领
1	P[3] 焊接起始点	1）点动机器人至焊接起始点 2）变更示教点为焊接点 3）点按功能菜单（图标）栏的"WELD_ST"，记忆示教点 P[3]
2	P[4] 焊接路径点	1）点动机器人至焊接中间点 2）变更示教点为焊接点 3）点按功能菜单（图标）栏的"WELD_PT"，记忆示教点 P[4]
3	P[5] 焊接结束点	1）点动机器人至焊接结束点 2）变更示教点为空走点 3）点按功能菜单（图标）栏的"WELDEND"，记忆示教点 P[5]

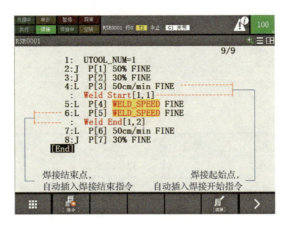

图 3-20 FANUC 机器人焊接区间任务程序示例

» FANUC 机器人焊接任务示教需要安装焊接工艺软件包，如弧焊 ArcTool（图 3-2）。

📋 任务分析

机器人平板堆焊的示教相对容易,是板状试件、管状试件和组合试件示教编程的基础。使用机器人在碳素钢表面平敷堆焊一道焊缝需要示教六个目标位置点,其路径规划如图 3-21 所示。各示教点用途见表 3-5。在实际示教时,可以按照图 3-15 所示的流程进行示教编程。

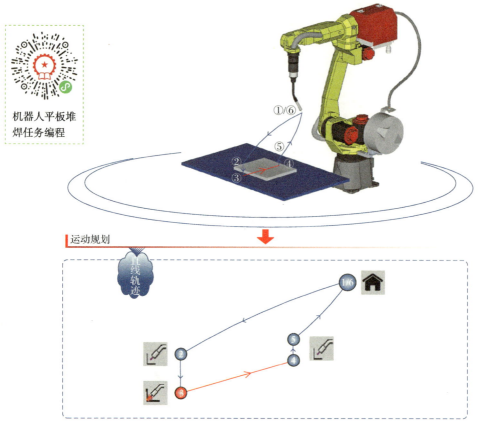

图 3-21 机器人平板堆焊路径规划

表 3-5 机器人平板堆焊任务的示教点

示教点	备注	示教点	备注	示教点	备注
①	原点(HOME)	③	焊接起始点	⑤	焊接回退点
②	焊接临近点	④	焊接结束点	⑥	原点(HOME)

🌸 任务实施

(1)示教前准备 开始示教前应做如下准备:

1)工件表面清理。核对试板尺寸无误后,将钢板表面的铁锈和油污等杂质清理干净。

2)工件装夹与固定。选择合适的夹具将试板固定在焊接工作台上。

3）机器人原点确认。执行机器人控制器内已有的原点程序，让机器人返回原点（如 J5=-90°、J1=J2=J3=J4=J6=0°）。

4）加载任务程序。点按 SELECT【一览键】加载任务 3.1 中创建的"TEST"程序。

（2）示教点记忆

1）示教点 P[1]——机器人原点。将机器人待机位置记忆为示教点 P[1]，步骤如下：

①切换手动模式。切换机器人控制器操作面板【模式旋钮】至"T1"或"T2"位置（手动模式）。

②示教盒置有效状态。切换示教盒【使能键】至"ON"位置（有效）。

③记忆示教点 P[1]。点按功能菜单（图标）栏的"点"（F1【功能菜单】），弹出标准动作界面，使用【方向键】选择关节运动指令（J…FINE），点按 ENTER【回车键】确认，记忆当前示教点 P[1] 为机器人原点，如图 3-22 所示。

a）弹出标准动作界面

b）插入关节运动指令

图 3-22　记忆示教点 P[1]

2）示教点 P[2]——焊接临近点。焊接临近点位置通常决定机器人的作业姿态，即手腕末端焊枪的空间指向。示教点 P[2] 记忆步骤如下：

①消除报警信息。轻握【安全开关】，点按 RESET【复位键】，消除机器人系统报警信息。

②调整机器人焊枪姿态。保持默认的 关节坐标系，握住【安全开关】的同时，按住 SHIFT【上档键】+【运动键】组合键，调整机器人末端焊枪至作业姿态（焊枪行进角 $\alpha=65°\sim 80°$）。

③切换机器人点动坐标系。点按 COORD【坐标系键】，切换机器人点动坐标系为世界坐标系。

④移至焊接临近点。在世界坐标系中，握住【安全开关】的同时，按住 SHIFT【上档键】+【运动键】组合键，点动机器人线性移至作业开始位置附近，如图 3-23 所示。

⑤记忆示教点 P[2]。点按功能菜单（图标）栏的"点"(F1【功能菜单】)，弹出标准动作界面，使用【方向键】选择关节运动指令（J…FINE），点按 ENTER【回车键】确认，记忆当前示教点 P[2] 为焊接临近点，如图 3-24 所示。

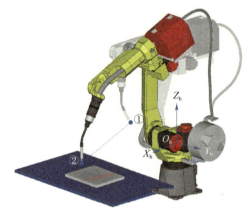

图 3-23　点动机器人至焊接临近点　　　　图 3-24　记忆示教点 P[2]

3）示教点 P[3]——焊接起始点。保持示教点 P[2] 的焊枪姿态，将机器人移向焊接作业的开始位置。示教点 P[3] 记忆步骤如下：

①移至焊接起始点。在世界坐标系中，点动机器人线性移至焊接作业开始位置，如图 3-25 所示。

②记忆示教点 P[3]。点按功能菜单（图标）栏的"WELD_ST"(F2【功能菜单】)，弹出起弧定义菜单，使用【方向键】选择直线动作焊接开始指令（L…FINE Weld Start…），点按 ENTER【回车键】确认，记忆当前示教点 P[3] 为焊接起始点，如图 3-26 所示。

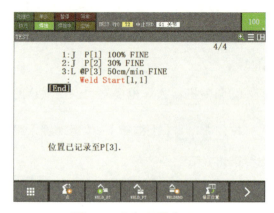

图 3-25　点动机器人至焊接起始点　　　　图 3-26　记忆示教点 P[3]

4）示教点 P[4]——焊接结束点。继续保持焊枪姿态，沿世界坐标系的 $-X$ 轴方向，点动机器人移向焊接作业的结束位置。示教点 P[4] 记忆步骤如下：

①移至焊接结束点。在世界坐标系中，沿 $-X$ 轴方向点动机器人线性移至焊接结束点，如图 3-27 所示。

②记忆示教点 P[4]。点按功能菜单（图标）栏的"WELDEND"（[F4]【功能菜单】），弹出起弧定义菜单，使用【方向键】选择直线动作焊接结束指令（L…WELD_SPEED FINE Weld End…），点按[ENTER]【回车键】确认，记忆当前示教点 P[4] 为焊接结束点，如图 3-28 所示。

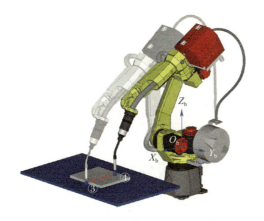

图 3-27　点动机器人至焊接结束点

图 3-28　记忆示教点 P[4]

5）示教点 P[5]——焊接回退点。继续保持焊枪姿态，沿世界坐标系的 $+Z$ 轴方向，点动机器人至不碰触工件和夹具的安全位置。示教点 P[5] 记忆步骤如下：

①移至焊接回退点。在世界坐标系中，沿 $+Z$ 轴方向点动机器人远离焊接结束点，如图 3-29 所示。

②记忆示教点 P[5]。点按功能菜单（图标）栏的"点"（[F1]【功能菜单】），弹出标准动作界面，使用【方向键】选择直线运动指令（L…FINE），点按[ENTER]【回车键】确认，记忆当前示教点 P[5] 为焊接回退点，如图 3-30 所示。

6）示教点 P[6]——机器人原点。为评估任务执行周期，准备下一个周期焊接作业，通常将机器人移至作业原点（HOME），即将示教点 P[6] 与示教点 P[1] 重合。可以通过复制和粘贴功能快速实现示教点记忆，步骤如下：

①切换复制功能菜单。依次点按[NEXT]【翻页键】和[F5]【功能菜单】，弹出程序编辑菜单，使用【方向键】移动光标至"复制/剪切"，点按[ENTER]【回车键】确认，切换功能菜单（图标）栏至复制功能，如图 3-31a 所示。

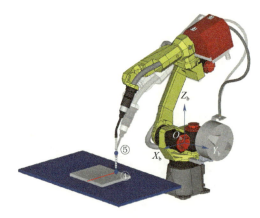

图 3-29 点动机器人至焊接回退点

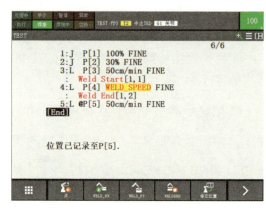

图 3-30 记忆示教点 P[5]

②复制示教点 P[1]。使用【方向键】移动光标至示教点 P[1] 所在指令语句行,点按功能菜单(图标)栏的"选择"(F2 【功能菜单】),移动光标至待复制指令语句(块)的结束行号码上,再次点按功能菜单(图标)栏的"复制"(F2 【功能菜单】),完成示教点 P[1] 所在指令语句的复制,如图 3-31b 所示。

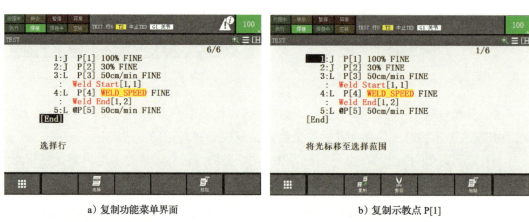

a) 复制功能菜单界面　　　　　　　　b) 复制示教点 P[1]

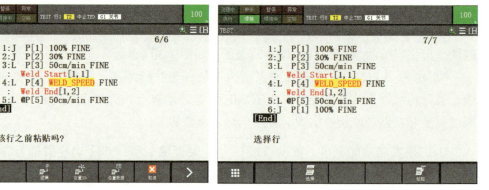

c) 移动光标至程序结束行号码上　　　　d) 粘贴示教点 P[1]

图 3-31 复制和粘贴示教点 P[1]

③粘贴示教点 P[1]。移动光标至程序结束行号码上，点按功能菜单（图标）栏的"粘贴"（F3【功能菜单】），并点按 F3【功能菜单】选择"位置 ID"，完成示教点 P[1] 及指令语句的粘贴，如图 3-31c 和图 3-31d 所示。至此，六个示教点记忆完毕。

（3）任务程序验证 采用正向单步程序验证方法确认示教点的位姿准确度和路径合理性，步骤如下：

1）移动光标至首行。使用 SHIFT【上档键】+【方向键】组合键，快速移动光标至任务程序的首行。

2）激活程序单步验证功能。点按 STEP【单步键】，单步（灯灭）→ 单步（灯亮），激活任务程序单步验证功能，如图 3-32 所示。

3）顺序单步测试任务程序。在消除机器人系统报警信息的前提下，握住【安全开关】的同时，按住 SHIFT【上档键】+ FWD【前进键】组合键，正向单步测试任务程序。机器人每执行一条指令语句或每到达一个示教点，自动停止运行。点按、释放、点按 FWD【前进键】……直至光标移至程序最后一行。

图 3-32 单步程序测试功能激活界面

» 通过程序行标识，可以实时了解机器人 TCP 的运动状态，如到达指令位姿、沿指令路径运动等，如图 3-33 所示。不同机器人品牌的程序行标识略有不同，如 FANUC 机器人达到指令位姿时的行标识为"@"。

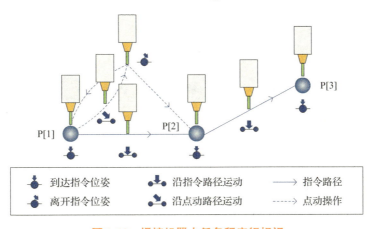

图 3-33 焊接机器人任务程序行标识

（4）机器人自动运转焊接　任务程序经测试运行无误后，可以将机器人控制器操作面板的【模式旋钮】切换至自动模式，实现机器人自动运转焊接。焊接机器人自动运转有两种方式：一是本地方式，点按机器人控制器或示教盒上的【启动按钮】；二是远程方式，利用周边辅助设备输入信号来启动程序，如点按外部集中控制盒上的【启动按钮】。实际生产中主要采用后者，具体采用哪种方式可以通过示教盒设置。确认机器人工作空间内没有人员或妨碍物体，打开保护气体阀门，通过本地或远程模式启动任务程序。本地自动运转任务程序步骤如下：

1）移动光标至首行。在手动模式下，将光标移至任务程序的首行。

机器人平板堆焊工艺调试

2）示教盒置无效状态。切换示教盒【使能键】至"OFF"位置（无效）。

3）选择自动模式。切换机器人控制器操作面板的【模式旋钮】至"AUTO"位置（自动模式）。

4）自动运转程序。点按机器人控制器操作面板的【启动按钮】，系统自动运转执行任务程序，机器人开始焊接，如图3-34所示。

a）焊接过程　　　　　　　　　　　　　b）焊缝成形

图3-34　机器人平板堆焊

> » 当以远程方式（如机器人启动请求RSR）自动运转机器人任务程序时，须完成相关系统参数配置，实施步骤可参见本书项目5～项目8。
>
> » 在任务程序执行过程中，点按 SHIFT【上档键】+ WELD ENBL【引弧键】组合键可以启用焊接引弧功能 焊接 （灯亮）或禁用焊接引弧功能 焊接 （灯灭）。当禁用焊接引弧功能 焊接 （灯灭）时，仅完成任务程序的空运行，不执行焊接引弧和收弧操作。

任务评价

本任务要求使用机器人在平板上堆焊一道宽度为8mm的焊缝。待焊接结束、试板冷却至室温后，通过目视进行焊缝外观检查，然后使用游标卡尺等测量工具，记录及评价机器人平板堆焊质量，见表3-8。同时，为培养良好的职业素养，对任务实施过程中学生的操作规范性和安全文明生产等进行考核。

表 3-6 机器人平板堆焊试件外观评分标准

检查项目	标准分数	焊缝等级				得分
		Ⅰ	Ⅱ	Ⅲ	Ⅳ	
堆焊高度	标准/mm	≥2.5，≤3	>3，≤3.5	>3.5，≤4.5	<2.5，>4.5	
	分数	20	14	8	0	
堆焊高低差	标准/mm	≤0.5	>0.5，≤1	>1，≤1.5	>1.5	
	分数	10	7	4	0	
焊缝宽度	标准/mm	≥8，≤9	>9，≤9.5 或≥7.5，<8	>9.5，≤10 或≥7，<7.5	<7 或>10	
	分数	20	14	8	0	
焊缝宽窄差	标准/mm	≤1	>1，≤2	>2，≤3	>3	
	分数	10	7	4	0	
外观成形	标准	成形美观，高低宽窄一致	成形较好，焊缝平整	成形尚可，焊缝整齐	焊缝弯曲，高低宽窄明显	
	分数	20	14	8	0	
咬边	标准/mm	0	深度≤0.5 且长度≤10	深度≤0.5 长度>10，≤15	深度>0.5 或深度≤0.5，长度>15	
	分数	10	7	4	0	
表面气孔	标准/(≥0.5mm)	无	1个	2个	>2个	
	分数	10	7	4	0	

注：1. 表面气孔等缺陷检查采用5倍放大镜。
2. 职业素养评分采取倒扣分形式：劳保穿戴不符合要求扣5分；安全操作不符合要求扣5分；文明生产不符合要求扣5分。

任务拓展

》请列举2～3个机器人堆焊应用场景，并简要说明各应用场景中机器人堆焊的需求。

_____
_____
_____

📝 拓展阅读

焊接机器人离线仿真

焊接机器人离线仿真

离线编程技术是基于计算机图形学建立焊接机器人系统工作环境的几何模型，通过操控图像及使用机器人编程语言描述机器人作业任务，然后对任务程序进行三维模型动画仿真、离线计算、规划和调试机器人任务程序，并生成机器人控制器可执行的代码，最后经由通信接口发送至机器人控制器。由于编程时不影响实体机器人焊接作业，绿色、安全且投入较少，因此离线编程技术在产业和教育领域获得推广。（扫描二维码）

📋 知识测评

一、填空题

1. _____ 作为调试、编程、监控、仿真等多功能智能交互终端，主要由 _____、_____ 以及外设接口等组成。

2. 焊接机器人任务编程（示教）的主要内容，包括 _____、_____ 和 _____ 三个部分。

3. 焊接机器人运动轨迹可以分成 _____ 和 _____。

4. 请选取以下图标中的一个或几个，按照一定的组合填入空格中，完成 FANUC 焊接机器人的指定操作。

(1)	(2)	(3)	(4)	(5)	(6)
示教器侧面	MENU	COORD	RESET	SHIFT	F1 … F5

(7)	(8)	(9)	(10)	(11)	(12)
方向键	WELD ENBL	ENTER	STEP	FWD	SELECT

①新建一个文件名为系统默认名称的程序。_____ → _____ → _____

②打开已创建的任务程序。_____→_____→_____

③在手动模式下消除机器人系统报警信息。_____→_____

④记忆当前示教点。_____→_____→_____

⑤从光标当前所在程序行正向单步测试程序。_____→_____→_____+_____

⑥在自动模式下启用焊接引弧功能。_____+_____

二、选择题

1. 机器人焊接作业涉及气、电、液等多元介质，工艺参数较多，关键参数包括（　　）等。

①焊接电流（或送丝速度）；②电弧电压；③焊接速度；④收弧电流；⑤弧坑处理时间

A.①②③④　　B.①③④⑤　　C.①②④⑤　　D.①②③④⑤

2. 焊接机器人常见的插补方式有（　　）。

① PTP；②直线插补；③圆弧插补；④直线摆动；⑤圆弧摆动

A.①②③④⑤　　B.②③　　C.②⑤　　D.②③④⑤

三、判断题

1. 焊接机器人的任务示教可采用在线和离线两种方式。（　　）

2. 弧形焊缝轨迹通常示教两个位置点（圆弧轨迹起始点和结束点），各端点之间的CP运动则由机器人控制系统的路径规划模块通过插补运算生成。（　　）

3. 焊接机器人自动运转有两种方式：一是本地模式；二是远程模式。（　　）

4. 机器人焊接示教时，仅焊接开始点为焊接点。（　　）

5. 机器人单步测试程序的目的是为确认示教生成的动作以及焊枪指向位置是否记忆。（　　）

四、综合实践

尝试使用富氩气体（如 Ar80%+$CO_2$20%）、直径为 1.0mm 的 ER50-6 实心焊丝和 FANUC 焊接机器人，通过合理规划机器人运动路径和焊枪姿态，在板厚 6mm 的碳素钢表面平敷堆焊"1+X"图案（图 3-35），要求单条焊缝宽度为 8mm，无气孔等表面缺陷。

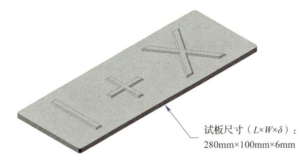

试板尺寸（$L×W×δ$）：280mm×100mm×6mm

图 3-35　中厚板机器人堆焊"1+X"图案

项目 4　蓄势待发，设置焊接机器人的工具坐标系

从运动学角度看，机器人执行焊接任务的过程实质是确立机械杆系间的几何关系，实现笛卡儿（直角）空间向关节空间的坐标变换。工具坐标系和工件（用户）坐标系作为机器人运动学的研究对象和参考对象，用于描述末端执行器（焊枪）相对于作业对象（焊件）的位姿。在进行任务编程前，编程员首先应设置机器人工具坐标系和工件（用户）坐标系。

本项目参照 1+X "焊接机器人编程与维护"国家职业技能等级要求，重点围绕系统调试设置的工作任务，以 FANUC 焊接机器人为例，采用六点（接触）法设置机器人工具坐标系，然后点动机器人模仿 T 形接头角焊缝线状焊道的运动轨迹示教，以期学生熟知焊接机器人系统运动轴及其操控方法，掌握它们在关节、工件、工具等机器人点动坐标系中的运动特点。根据焊接机器人编程员的岗位工作内容，本项目共设置两项任务：一是机器人工具坐标系设置；二是点动机器人沿板－板 T 形接头角焊缝运动。

学习目标

素养提升

1）学习孙红梅坚韧不拔、迎难而上的优秀品质，培养学生爱岗敬业、一丝不苟、追求卓越的工匠精神，树立技术报国的远大志向。

2）机器人坐标系类型多样，根据任务要求，灵活选择所需坐标系，培养学生勇于创新、开拓进取的工匠精神。

3）针对操作难点，查阅相关技术资料，激发学生的求知欲，培养学生孜孜不倦的学习精神。

知识学习

1）能够辨识焊接机器人系统本体轴和附加轴。

2）能够阐明关节、工件和工具等点动坐标系中的机器人运动规律。

3）能够运用六点（接触）法设置焊接机器人工具坐标系。

项目 4　蓄势待发，设置焊接机器人的工具坐标系

技能训练

1）能够适时选择合适的机器人点动坐标系和运动轴。
2）能够利用示教盒实时查看和精确调整机器人焊枪姿态。
3）能够手动操控机器人沿 T 形接头角焊缝运动。

学习导图

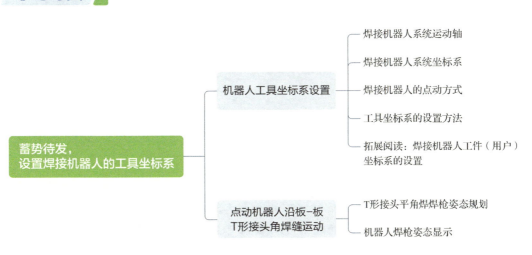

灯塔传承

孙红梅：手执焊枪的"花木兰"

【人物档案】孙红梅，中国人民解放军第 5713 工厂高级工程师，在焊修岗位摸爬滚打 20 年，从一名普通技术员成长为系统内焊接领域首席技术专家。她以一颗"爱岗敬业、技艺精湛、精益求精"的工匠之心，用手中的焊枪为战鹰翱翔蓝天保驾护航，先后获得"全国五一劳动奖章""全国五一巾帼标兵""荆楚楷模"等称号，荣获 2019 年"大国工匠年度人物"。

航空发动机维修技术攻关，经常会遇到难题，既无设备，又无经验，两眼一抹黑。2013 年初，孙红梅接到一项棘手的任务，30 多台航空发动机机匣需要维修。此前，行业专家表示，这个问题连制造厂也束手无策。时间紧、任务重，如果真修不好的话，一批飞机就要停飞。经过几个月的试验攻关，她创造"镜面反光仰焊法"，最终将机匣

孙红梅：手执焊枪的"花木兰"

修复的变形误差控制在 0.003mm，与原装产品基本无差别。择一事而终一生、不为繁华易素心。她 20 余年如一日，扎根鄂西北老"三线"厂，专攻航空发动机焊修技术，破解 60 余项修理难题，形成 10 余项核心修理技术，创造经济效益近 2 亿元。（扫描二维码）

【青年寄语】不管从事什么行业，只要干好、干到极致，每个人都可以成为自己人生出彩的"工匠"。

▶ 任务 4.1　机器人工具坐标系设置

任务提出

正如项目 1 中所述，使用工业机器人执行焊接任务，需在其机械接口安装末端执行器（焊枪）。此时，机器人的运动学控制点或工具执行点（工具中心点，TCP）将发生变化，如图 4-1 所示。默认情况下，机器人 TCP 与工具坐标系 $O_t X_t Y_t Z_t$ 的原点重合，位于机器人手腕末端的机械法兰中心处（与机械接口坐标系 $O_m X_m Y_m Z_m$ 的原点重合）。为提高焊枪姿态调整的便捷性和保证机器人运动轨迹的精度，当更换焊枪或因碰撞而导致枪颈发生变形时，编程员应重新设置机器人运动学的研究对象——工具坐标系。

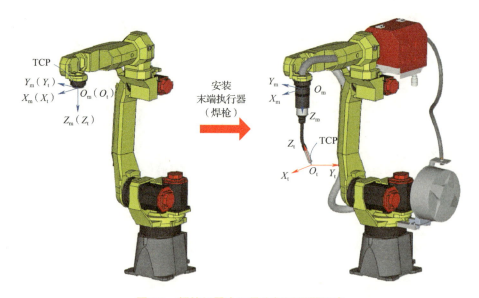

图 4-1　焊接机器人工具坐标系设置示意

项目 4 蓄势待发，设置焊接机器人的工具坐标系

本任务要求采用六点（接触）法设置 FANUC 焊接机器人的工具坐标系。在此过程中，通过点动机器人认知焊接机器人系统的运动轴，并掌握它们在关节、工件（用户）和工具等机器人点动坐标系中的运动特点和规律，为后续机器人运动轨迹示教奠定基础。

知识准备

4.1.1 焊接机器人系统运动轴

按照运动轴的所属系统关系的不同，可将焊接机器人系统的运动轴划分为两类：一是<u>本体轴</u>，主要指构成机器人本体（操作机）的各关节运动轴，属于焊接机器人；二是<u>附加轴</u>，除机器人本体轴以外的运动轴，包括移动或转动机器人本体的基座轴（如线性滑轨，属于焊接机器人）、移动或转动工件的工装轴（如焊接变位机，属于周边辅助设备）等，如图 4-2 所示。其中，<u>本体轴和基座轴主要是实现机器人焊枪或 TCP 的空间定位与定向，而工装轴主要是支承工件并确定其空间定位</u>。

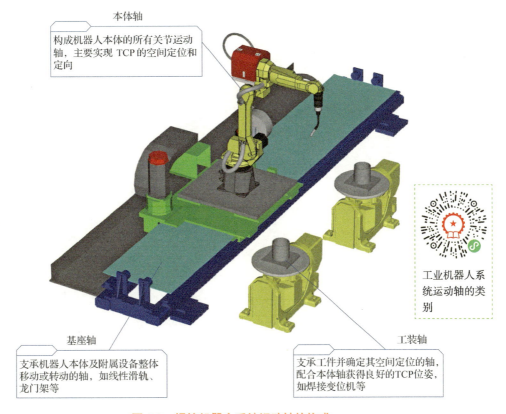

图 4-2　焊接机器人系统运动轴的构成

（1）本体轴　第一代商用工业机器人（计算智能机器人）基本采用六轴垂直关节型机器人本体。顾名思义，此类机器人本体具有六根独立活动的关节轴，其中靠近机

— 87 —

座的三根关节轴被定义为主关节轴,可模仿人体手臂的回转、俯仰和伸缩动作,用于末端执行器的空间定位;其余三根关节轴被定义为副关节轴,可模仿人体手腕的转动、摆动和回转动作,用于末端执行器的空间定向。表 4-1 列出了世界著名工业机器人制造商对其所研制生产的六轴焊接机器人本体轴的命名。

表 4-1 六轴焊接机器人本体轴的命名

序号	制造商	机器人品牌	本体示例	运动轴名称	
1	Media	KUKA		⑥—A6 轴	副关节轴
				⑤—A5 轴	
				④—A4 轴	
				③—A3 轴	主关节轴
				②—A2 轴	
				①—A1 轴	
2	ABB	ABB		⑥—轴 6	副关节轴
				⑤—轴 5	
				④—轴 4	
				③—轴 3	主关节轴
				②—轴 2	
				①—轴 1	
3	Yaskawa	MOTOMAN		⑥—T 轴	副关节轴
				⑤—B 轴	
				④—R 轴	
				③—U 轴	主关节轴
				②—L 轴	
				①—S 轴	

（续）

序号	制造商	机器人品牌	本体示例	运动轴名称	
4	FANUC	FANUC		⑥—J6轴	副关节轴
				⑤—J5轴	
				④—J4轴	
				③—J3轴	主关节轴
				②—J2轴	
				①—J1轴	

第二代商业工业机器人（感知智能机器人）大多采用七轴垂直关节型机器人，如图4-3所示。与第一代机器人相比较，第二代机器人多出一根肘关节轴，可以模拟人体手臂的扭转动作，具有出色的干涉回避和高密度摆放特点。为兼顾产品谱系和用户习惯，日本Yaskawa公司将其生产的MOTOMAN机器人本体主关节轴依次命名为S轴、L轴、E轴、U轴，副关节轴的命名延续第一代命名；ABB、FANUC等公司将其机器人本体轴按照主、副关节轴顺序依次命名。

（2）附加轴　面对越来越多的复杂曲面零件、异形件以及（超）大型结构件的焊接需求，仅靠机器人本体的自由度和工作空

a）Yaskawa

b）Media

图4-3　七轴焊接机器人本体轴的命名

注：图a中，①～⑦分别表示S轴、L轴、E轴、U轴、R轴、B轴、T轴；图b中，①～⑦分别表示A1轴～A7轴。

间，根本无法保证机器人动作的灵活性和焊枪的可达性。针对此类应用场景，宜采取添加基座轴、工装轴等附加轴来提高系统集成应用的灵活性和费效比。其中，基座轴的集成是将机器人本体以落地、倒挂和侧挂等形式安装在某一移动平台上，形成混联式可移动机器人，通过移动平台的移动轴（P）和/或转动轴（R）模仿人体腿部的移动功能，大大拓展焊接机器人的工作空间和动作的灵活性，获得较高的焊接可达率，如图4-4所示。工装轴的集成主要指的是焊接变位机，包括单轴、双轴、三轴及复合型变位机等，如图4-5所示。它能将被焊工件移动、转动至合适的位置，辅助机器人在执行焊接任务过程中保持良好的焊接姿态，确保产品质量的稳定性和一致性。

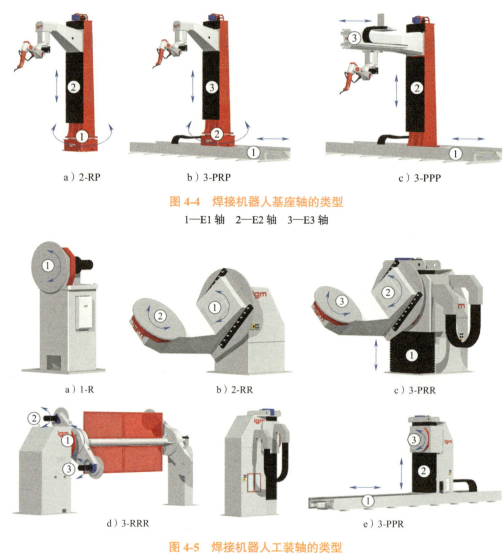

图 4-4 焊接机器人基座轴的类型

1—E1 轴　2—E2 轴　3—E3 轴

图 4-5 焊接机器人工装轴的类型

1—E1 轴　2—E2 轴　3—E3 轴

无论基座轴还是工装轴，其命名的原则基本遵循空间上由低往高依次为 E1 轴、E2 轴、E3 轴……当上述附加轴由机器人控制器直接控制时，称为内部轴，可以通过示教盒分组控制和查看附加轴的位置状态，实现机器人本体轴和附加轴的协调（同）运动。除此之外，附加轴的运动控制由外部控制器（如 PLC）实现，此时称为外部轴，无法直接通过机器人示教盒控制和查看附加轴的位置状态。

> » 当基座轴和工装轴以内部轴方式集成时，除物理设备外，还需安装配套的软件包，如 FANUC 机器人用于实现基座轴联动功能的 Extended Axis Control（J518）和用于实现工装轴联动功能的 Multi-Group Motion（J601）、Coordinated Motion Package（J686）等。

4.1.2 焊接机器人系统坐标系

坐标系是为确定焊接机器人的位姿而在机器人本体或空间上进行定义的位置指标系统。它从一个称为原点的固定点 O 通过轴定义平面或空间，机器人位姿通过沿坐标系轴的测量而定位和定向。正如项目 2 中所述，在机器人运动轨迹示教过程中，机器人控制器通过运动学正解求取（焊枪）工具坐标系和（参考）机座坐标系间的数学关系；机器人焊接再现时，通过运动学逆解求取（焊枪）工具坐标系和（参考）机座坐标系间关节各坐标值的数学关系。上述机器人运动学计算过程实质完成的是物理关节空间和数字笛卡儿（直角）空间的映射。机器人在物理关节空间中的运动描述是以各关节轴的零点为基准，测量单位为（°）；在笛卡儿（直角）空间中的运动描述为 TCP（或工具坐标）相对机座坐标系（或工件坐标系，由机座坐标系变换而来）的空间位置和指向，测量单位为 mm（空间位置，如 FANUC 的 X、Y、Z）和（°）（空间姿态，如 FANUC 的 W、P、R）。目前，第一代和第二代焊接机器人系统基本都配置有关节、机座、工具和工件（用户）等机器人点动坐标系。除关节坐标系外，其他坐标系均归属于直角坐标系，其主要差别是原点位置和坐标轴方向略有差异，如图 4-6 所示。常见的焊接机器人点动直角坐标系见表 4-2。

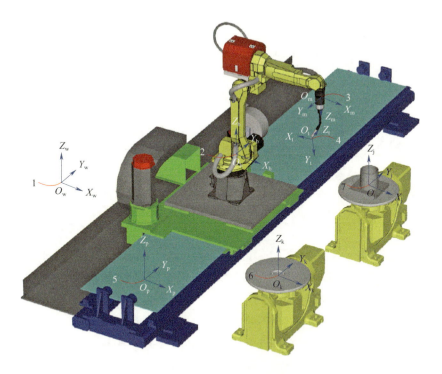

图 4-6 焊接机器人点动直角坐标系示意

1—世界坐标系（$O_w X_w Y_w Z_w$） 2—机座坐标系（$O_b X_b Y_b Z_b$）
3—机械接口坐标系（$O_m X_m Y_m Z_m$） 4—工具坐标系（$O_t X_t Y_t Z_t$）
5—移动平台坐标系（$O_p X_p Y_p Z_p$） 6—工作台坐标系（$O_k X_k Y_k Z_k$） 7—工件坐标系（$O_j X_j Y_j Z_j$）

表 4-2 常见的焊接机器人点动直角坐标系

序号	坐标系名称	坐标系描述
1	世界坐标系 $O_wX_wY_wZ_w$	俗称绝对坐标系、大地坐标系,它是与机器人的运动无关,以地球为参照系的固定坐标系。世界坐标系的原点 O_w 由用户根据需要确定;$+Z_w$ 轴与重力加速度矢量共线,但其方向相反;$+X_w$ 轴由用户根据需要确定,一般与机座底部电缆进入方向平行;$+Y_w$ 轴按右手定则确定
2	机座坐标系 $O_bX_bY_bZ_b$	俗称基坐标系,它是参照机座安装面所定义的坐标系。机座坐标系的原点 O_b 由机器人制造商规定,一般将机器人本体第一根轴的轴线与机座安装面的交点定义为原点;$+Z_b$ 轴的方向垂直于机器人安装面,指向其机械结构方向;$+X_b$ 轴的方向由原点开始指向机器人工作空间中心点在机座安装面上的投影,通常为机座底部电缆进入方向;$+Y_b$ 轴的方向按右手定则确定
3	机械接口坐标系 $O_mX_mY_mZ_m$	参照机器人本体末端机械接口的坐标系。机械接口坐标系的原点 O_m 是机械接口(法兰)的中心;$+Z_m$ 轴的方向垂直离开机械接口中心,即垂直法兰向外;$+X_m$ 轴的方向由机械接口平面和 Y_bZ_b 平面(或平行于 X_bY_b 平面)的交线来定义,并且 $+X_m$ 平行于 $+Z_b$ 轴($+X_b$ 轴),同时机器人的主、副关节轴处于运动范围的中间位置,即由法兰中心指向法兰定位孔方向;$+Y_m$ 轴的方向按右手定则确定
4	工具坐标系 $O_tX_tY_tZ_t$	参照安装在机械接口的末端执行器的坐标系,相对于机械接口坐标系而定义。工具坐标系的原点 O_t 是工具中心点(TCP);$+Z_t$ 轴的方向与工具相关,通常是工具的指向。用户设置前,工具坐标系与机械接口坐标系的原点和坐标轴方向重合
5	移动平台坐标系 $O_pX_pY_pZ_p$	移动平台坐标系的原点 O_p 就是移动平台的原点;$+X_p$ 轴的方向通常指的是移动平台的前进方向;$+Z_p$ 轴的方向通常指的是移动平台向上的方向;$+Y_p$ 轴的方向按右手定则确定
6	工作台坐标系 $O_kX_kY_kZ_k$	参照焊接工作台定义的坐标系,相对于机座坐标系而定义。工作台坐标系的原点 O_k 通常选择在工作台的某一角,如左上角;$+Z_k$ 轴的方向垂直离开工作台面,即垂直工作台面向外;$+Y_k$ 轴的方向一般沿着工作台面的长度或宽度方向,与 $+Y_b$ 轴的指向相同;$+X_k$ 轴的方向按右手定则确定。用户设置前,工作台坐标系与机座坐标系的原点和坐标轴方向完全重合
7	工件坐标系 $O_jX_jY_jZ_j$	俗称用户坐标系,参照某一工件定义的坐标系,相对于机座坐标系而定义。用户设置前,工件坐标系与机座坐标系的原点和坐标轴方向完全重合

(1)关节坐标系 关节坐标系(Joint Coordinate System,JCS)是固接在机器人系统各关节轴线上的一维空间坐标。它犹如一个空间自由刚体沿 X、Y、Z 轴方向的线性移动和绕 X、Y、Z 轴的转动受到五个刚性约束,仅保留沿某一轴方向的移动(移动关节轴)或绕某一轴的转动(旋转关节轴)。对于焊接机器人而言,它拥有与机器人系统运动轴数相等的关节坐标系,且每个关节坐标系通常是相对前一关节坐标系而定义。在关节坐标系中,焊接机器人系统各运动轴均可实现单轴正向和反向转动(或移动)。虽然各品牌机器人本体运动轴的命名有所不同,但它们的关节运动规律相同,见表4-3。关节坐标系适用于点动焊接机器人较大范围运动或变更系统某一运动轴位置(如奇异点解除调整腕部轴),且运动过程中不需要约束机器人焊枪姿态的场合。

表 4-3 六轴焊接机器人本体轴在关节坐标系中的运动特点

运动类型		轴按键	动作示例	运动类型		轴按键	动作示例
转动	手臂回转	－(J1) ＋(J1)		转动	手腕扭转	－(J4) ＋(J4)	
	手臂伸缩	－(J2) ＋(J2)			手腕弯曲	－(J5) ＋(J5)	
	手臂俯仰	－(J3) ＋(J3)			手腕回转	－(J6) ＋(J6)	

> » 焊接机器人系统基座轴和工装轴等附加轴的点动控制只能在关节坐标系中进行。目前主流的焊接机器人控制器可以实现几十根运动轴的分组控制,一般每组最多控制九根运动轴。当需要点动附加轴时,首先切换至外部附加轴所在的组,然后点按对应的 SHIFT【上档键】+【运动键】组合键。

(2) 工件坐标系 工件坐标系(Object Coordinate System,OCS)是编程员根据需要,参照作业对象自定义的三维空间正交坐标系,又称用户坐标系。通常焊接机器人系统允许编程员设置 5～10 套工件坐标系(设置方法详见本项目【拓展阅读】部分),但每次仅能激活其中的一套来点动机器人或记忆 TCP 位姿。在未定义前,工件坐标系与机座坐标系重合,而且工件坐标系的原点 O_j 及坐标轴方向 X_j、Y_j、Z_j 的设置是相对

机座坐标系的原点 O_b 和坐标轴方向 X_b、Y_b、Z_b。因此,有必要先阐述点动焊接机器人本体轴在机座坐标系中的运动特点。

机座坐标系(Base Coordinate System,BCS)是固接在焊接机器人机座上的直角坐标系。它的原点定义使得焊接机器人的工作空间或动作可达性具有可预测性。绝大多数品牌的焊接机器人制造商将机器人本体第一根轴的轴线与机座安装面的交点定义为机座坐标系的零点,仅极少部分的制造商(如日本 FANUC)将机器人本体第一根轴的轴线与第二根轴轴线所在水平面的交点定义为零点。在正常配置的焊接机器人系统(落地式安装)中,当编程员站在机器人(零位)正前方点动机器人朝向自身一方移动时,机器人 TCP 将沿 $+X_b$ 轴方向运动;向自身右侧移动时,机器人 TCP 将沿 $+Y_b$ 轴方向运动;向身高方向运动时,机器人 TCP 将沿 $+Z_b$ 轴方向运动;绕 X_b、Y_b、Z_b 轴的顺时针或逆时针方向转动,可以通过右手定则确定。与关节坐标系中的运动截然不同的是,无论是沿机座坐标系的任一轴移动,还是绕任一轴转动,焊接机器人本体轴在机座坐标系中的运动基本为多轴联动,见表 4-4。机座坐标系适用于点动焊接机器人在笛卡儿空间移动且机器人焊枪姿态保持不变,以及绕 TCP 定点转动的场合。

表 4-4 六轴焊接机器人本体轴在机座坐标系中的运动特点

运动类型		轴按键	动作示例	运动类型		轴按键	动作示例
移动	沿 X 轴移动	−X +X		转动	绕 X 轴转动	−X +X	
	沿 Y 轴移动	−Y +Y			绕 Y 轴转动	−Y +Y	
	沿 Z 轴移动	−Z +Z			绕 Z 轴转动	−Z +Z	

项目 4　蓄势待发，设置焊接机器人的工具坐标系

作为机器人运动学的（延伸）参考对象，设置工件（用户）坐标系的主要目的是为任务编程中快速调整和查看机器人 TCP 位姿。虽然一些品牌的焊接机器人任务程序中示教点记忆存储的是相对工件（用户）坐标系的 TCP 位姿，但是在实际执行任务程序时，机器人系统会根据工件（用户）坐标系相对机座坐标系的空间几何关系，最终自动换算成相对机座坐标系的 TCP 位姿。同在机座坐标系中的运动规律相似，点动焊接机器人本体轴在工件坐标系中的运动基本为多轴联动，且方便通过绕 TCP 定点转动来调整焊枪姿态，见表 4-5。工件坐标系适用于点动焊接机器人沿焊道（平行）移动或绕焊道定点转动，以及运动轨迹平移和镜像等高级任务编程场合。

表 4-5　六轴焊接机器人本体轴在工件坐标系中的运动特点

运动类型	轴按键	动作示例	运动类型	轴按键	动作示例
移动	沿 X 轴移动 $-X$ $+X$		转动	绕 X 轴转动 $-X$ $+X$	
	沿 Y 轴移动 $-Y$ $+Y$			绕 Y 轴转动 $-Y$ $+Y$	
	沿 Z 轴移动 $-Z$ $+Z$			绕 Z 轴转动 $-Z$ $+Z$	

（3）工具坐标系　工具坐标系（Tool Coordinate System，TCS）是编程员参照机械接口坐标系（Mechanical Interface Coordinate System，MICS）而定义的三维空间正交坐标系。通常焊接机器人系统允许编程员设置 5～10 套工具坐标系，一把焊枪对应一套工具坐标系，每次仅能使用其中的一套来点动机器人或记忆 TCP 位姿。在未定义前，工具坐标系与机械接口坐标系重合，而且工具坐标系的原点 O_t（即 TCP）及坐标轴方向 X_t、Y_t、Z_t 的设置是相对机械接口坐标系的原点 O_m 和坐标轴方向 X_m、Y_m、Z_m。

作为机器人运动学的研究对象,设置工具坐标系的主要目的是为任务编程中快速调整和查看机器人 TCP 位姿,并准确记忆机器人 TCP 的运动轨迹。根据焊接过程中 TCP 移动与否,可将机器人工具坐标系划分为移动工具坐标系和静止工具坐标系两种。顾名思义,移动工具坐标系在机器人执行任务过程中会跟随机器人末端执行器一起运动,如机器人弧焊作业时 TCP 设置在焊丝端部;静止工具坐标系是参照静止工具而不是运动的机器人末端执行器,如机器人搬运工件至点焊钳固定工位进行施焊作业,此时机器人 TCP 宜设置在点焊钳静臂的前端。同为直角坐标系,焊接机器人本体轴在工具坐标系中的运动基本仍为多轴联动,且能够实现绕 TCP 定点转动。不过,与机座坐标系不同的是,工具坐标系的原点及坐标轴方向在机器人执行任务过程中通常是变化的,见表 4-6。工具坐标系适用于点动焊接机器人沿焊枪所指方向移动或绕 TCP 定点转动,以及焊枪横向摆动和运动轨迹平移等场合。

表 4-6 六轴焊接机器人本体轴在工具坐标系中的运动特点

运动类型		轴按键	动作示例	运动类型		轴按键	动作示例
移动	沿 X 轴移动	-X / +X		转动	绕 X 轴转动	-X / +X	
	沿 Y 轴移动	-Y / +Y			绕 Y 轴转动	-Y / +Y	
	沿 Z 轴移动	-Z / +Z			绕 Z 轴转动	-Z / +Z	

4.1.3 焊接机器人的点动方式

在手动模式(T1 模式和 T2 模式)下,编程员需要经常手动控制机器人以时断时续的方式运动,即"点动"焊接机器人。"点"指的是点按【运动键】,"动"的意思是机器人运动,点动就是"一点一动、不点不动",意在强调编程员手动控制焊接机器人系统运动轴或TCP的运动(方向和速度)。一般来讲,点动焊接机器人有增量点动和连续点动两种操控方式。

(1)增量点动机器人　编程员每点按【运动键】(选中某一运动轴)一次,机器人系统被选中的运动轴(或TCP)将以设定好的速度转动固定的角度(步进角)或步进一小段距离(步进位移量)。到达位置后,机器人系统运动轴停止运动。当编程员松开并再次点按【运动键】时,机器人将以同样的方式重复运动。增量点动机器人适用于手动操作和任务编程时离目标(指令)位姿接近的场合,主要是对机器人焊枪(或工件)的空间位姿进行精细调整。FANUC机器人的增量点动是在微低速率(5%以内)状态下,通过间断性点按 SHIFT【上档键】+【运动键】组合键来操控机器人运动,【运动键】每点按一次,机器人运动轴微转一个步进角,或者机器人TCP微动一段步进位移量,如图4-7所示。

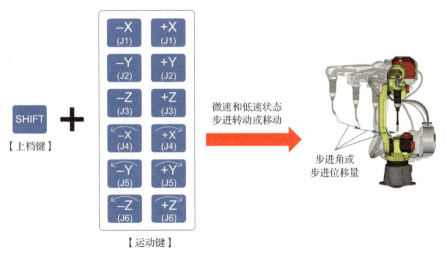

图4-7　增量点动焊接机器人

> » 在系统默认设置情况下,FANUC焊接机器人的低速步进角为0.001°,步进位移量为0.1mm,微速步进角和步进位移量是低速的1/10。
>
> » 在微速和低速状态下,即使编程员持续点按 SHIFT【上档键】+【运动键】组合键操控机器人运动,机器人运动轴仅前进一个步进角,或TCP仅前进一段步进位移量。

(2)连续点动机器人　编程员持续按住【运动键】(选中某一运动轴),机器人系统被选中的运动轴(或TCP)将以设定好的速度连续转动或移动。一旦编程员松开按键,机器人立即停止运动。连续点动机器人适用于手动操作和任务编程时离目标(指令)位姿较远的场合,主要是对机器人焊枪(或工件)的空间位姿进行快速粗调整。FANUC

机器人的连续点动是在中高速率（5%→50%→100%）状态下，持续按住 SHIFT【上档键】+【运动键】组合键操控机器人运动，机器人运动轴转动一定的角度，或者机器人 TCP 移动一段距离，如图 4-8 所示。

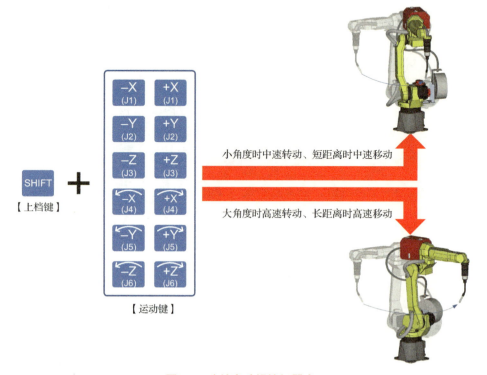

图 4-8　连续点动焊接机器人

无论是增量点动机器人还是连续点动机器人，均应遵循手动操控机器人的基本流程，如图 4-9 所示。不同品牌的焊接机器人在示教盒功能启用、点动坐标系切换、运动轴选择及其伺服电源接通等方面存在差异性。表 4-7 列出了 FANUC 焊接机器人的点动基本条件。

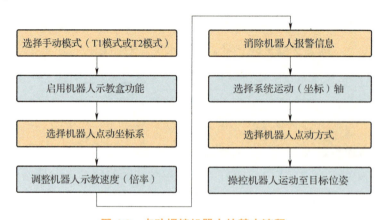

图 4-9　点动焊接机器人的基本流程

项目 4 蓄势待发,设置焊接机器人的工具坐标系

表 4-7 FANUC 焊接机器人的点动基本条件

流程	操控方法
选择手动模式	拨动机器人控制器操作面板的【模式旋钮】对准"T1/T2"位置
启用示教盒功能	拨动机器人示教盒的【使能键】对准"ON"位置,置示教盒为有效状态
选择点动坐标系	点按 [COORD]【坐标系键】,按照 [关节] 关节→ [手动] 手动→ [世界] 机座(世界)→ [工具] 工具→ [用户] 工件(用户)→ [关节] 关节→…顺序,依次切换机器人点动坐标系的种类
设置机器人示教速度	点按 [+%] [-%]【倍率键】,按照"微速→低速→1%→…→5%→…→50%→…→100%(5% 以下时以 1% 为递进刻度,5% 以上时以 5% 为递进刻度)"26 档位顺序,依次切换机器人运动速度的倍率档位。当与 [SHIFT]【上档键】一并按下时,机器人运动速度的倍率档位降至"微速→低速→5%→50%→100%"五档
消除机器人报警信息	轻握【安全开关】的同时,点按 [RESET]【复位键】,即可消除报警信息
选择系统运动(坐标)轴	根据动作需要,点按某一运动(坐标)轴图标对应的【运动键】,选择相应的运动(坐标)轴
操控机器人运动	1)连续点动机器人:当离目标(指令)位姿较远时,在中高速率(5%→50%→100%)状态下,持续按住 [SHIFT]【上档键】+【运动键】组合键,操控机器人沿所选点动坐标系或运动轴进行大范围快速运动 2)增量点动机器人:当离目标(指令)位姿接近时,在低速和微速(微速→低速→1%→5%)状态下,间断性点按 [SHIFT]【上档键】+【运动键】组合键,操控机器人沿所选点动坐标系或运动轴进行小范围慢速运动

注:【上档键】+【倍率键】组合键的使用效果视系统变量 $SHFTOV_ENB 而定。

4.1.4 工具坐标系的设置方法

(1)设置缘由 焊接机器人通过在其手腕末端(机械法兰)安装不同类型的末端执行器来执行多样化任务。那么,在任务示教过程中如何方便快捷地调整机器人焊枪位姿?机器人执行焊接作业时,又如何安全携带焊枪沿指令(规划)路径精确运动?也就是说,焊接机器人运动控制的关键点是 TCP(工具坐标系的原点)。想必令读者疑惑的是,在不正确设置 TCP 或工具坐标系的情况下,焊接机器人的示教与再现将会遇到哪些棘手问题?下面通过表 4-8 中描述的三个场景,阐明焊接机器人工具坐标系的标定理由。

表 4-8　焊接机器人工具坐标系的设置缘由

场景	场景描述	场景示例	
		设置前	设置后
任务示教	在机器人任务示教过程中，当工具坐标系（TCP）尚未设置或因参数丢失而尚未正确设置时，机器人焊枪作业姿态的调整无法通过绕TCP定点转动快捷实现	绕默认工具坐标系 Y_t 轴转动，无法实现定点调姿（重定向）	绕工具坐标系 Y_t 轴转动，可以实现定点调姿（重定向）
程序测试	当机器人执行任务程序时，若遇到末端执行器（焊枪）更换而工具坐标系（TCP）参数不变，以及工具坐标系（TCP）参数未正确设置等情况，此时极易发生机器人末端执行器与工件碰撞、动作不可达等现象而导致停机	更换机器人焊枪，但TCP保持不变，实到位姿存在偏差	调整换枪后的TCP参数，实到位姿与指令位姿一致
视觉导引	当利用机器视觉进行焊前寻位、焊缝跟踪等自适应焊接时，倘若机器人工具坐标系（TCP）参数未正确设置，机器人视觉导引纠偏容易导致末端执行器与工件发生碰撞，以及动作不可达等现象	机器人TCP参数设置不准确，视觉寻位存在偏差	机器人TCP参数设置准确，视觉寻位精度高

（2）**设置方法**　出于焊接工艺需求，焊接机器人运动轨迹示教过程中往往需要焊枪姿态调整和横向摆动，因此精准的工具执行点（工具坐标系的原点或TCP）和坐标轴方向是基本保证。换言之，焊接机器人工具坐标系的设置既要求定义坐标系的原点（TCP），又要求定义坐标轴的方向。目前，常用的焊接机器人工具坐标系的设置方法包括六点（接触）法和直接输入法两种。

采用六点（接触）法设置工具坐标系时，基本原则是点动机器人以若干不同的手臂（腕）姿态指向并接触同一外部（尖端）参照点。不过，不同品牌的焊接机器人设置过程略有差异。以 FANUC 机器人为例，编程员需要操控机器人以三种不同的手臂（腕）姿态指向并接触同一外部尖端点（如销针），并分别移至原点、X 轴方向点和 Z 轴（或 Y 轴）方向点，机器人控制器可以自动计算出新的工具坐标系的原点（TCP）和坐标轴方向，如图 4-10 所示。

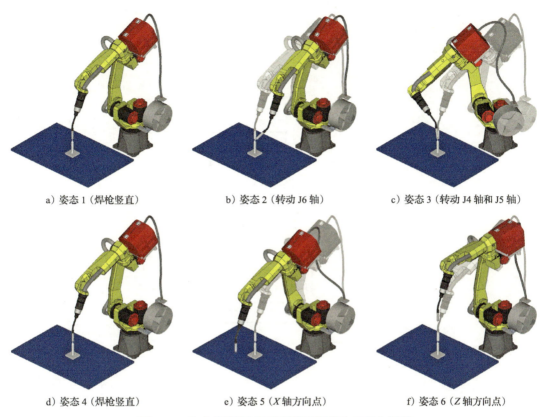

a）姿态 1（焊枪竖直）　　b）姿态 2（转动 J6 轴）　　c）姿态 3（转动 J4 轴和 J5 轴）

d）姿态 4（焊枪竖直）　　e）姿态 5（X 轴方向点）　　f）姿态 6（Z 轴方向点）

图 4-10　六点（接触）法设置焊接机器人工具坐标系

除六点（接触）法外，针对相同机型、相同配置的焊接机器人系统批量调试，以及使用者已准确掌握机器人末端执行器（焊枪）的几何尺寸等场合，可以采用直接输入法设置工具坐标系的相关参数。（扫描二维码）

机器人工具坐标系的设置

> » 采用六点（接触）法设置焊接机器人工具坐标系时，应保证焊丝干伸长度与执行焊接作业时的焊丝干伸长度一致。
> » 在实际设置焊接机器人工具坐标系过程中，综合利用六点（接触）法和直接输入法可以获得良好的坐标系（或 TCP）设置精度。
> » 新设置的工具坐标系可以通过定向移动和绕外部（尖端）参照点转动检验其精度。一般来讲，若定点转动过程中焊丝端头与参照点的距离偏差未超过焊丝直径，则说明坐标系的设置精度满足机器人弧焊应用。

任务分析

完整的焊接机器人工具坐标系设置过程包括坐标系参数计算（或输入）、坐标系编号选择和坐标系精度检验三个步骤。本任务的要求是采用六点（接触）法设置 FANUC 焊接机器人的工具坐标系，具体流程如图 4-11 所示。其中，工具坐标系参数计算是通过记忆同一外部（尖端）参照点的三种不同手臂（腕）姿态，以及坐标系的原点、X 轴方向点和 Z 轴方向点进行的。

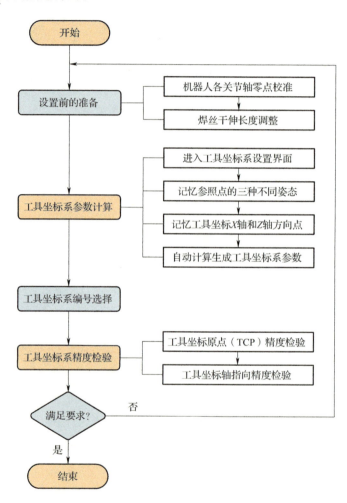

图 4-11 六点（接触）法设置焊接机器人工具坐标系流程

任务实施

（1）设置前的准备 开始设置焊接机器人工具坐标系前，请做如下准备：

1）准备一个外部尖端点。将尖端点（如销针）放置在机器人工作空间的可达位置。

2）检查机器人各关节运动轴的零点是否正确。若发现零点不准，请参照 FANUC 焊接机器人电池更换及零点校准方法予以调整。

3）机器人原点确认。执行机器人控制器内存储的原点程序，让机器人返回原点（如 J5=-90°、J1=J2=J3=J4=J6=0°）。

4）焊丝干伸长度调整。根据任务（工艺）需求，合理调整焊丝干伸长度，如调整至焊丝直径的 10～15 倍。

（2）工具坐标参数计算 点动机器人以三种不同手臂（腕）姿态指向并接触同一外部尖端点，并移至待设置的工具坐标系原点、X 轴方向点和 Z 轴方向点，记忆以上位姿数据，系统会自动计算新的工具坐标原点及轴指向。

1）进入工具坐标系设置界面。 打开工具坐标系设置界面，步骤如下：

①在"T1 或 T2"模式下，依次选择主菜单【设置】→【坐标系】，在弹出的坐标系设置一览界面中，选择功能菜单（图标）栏的"坐标"→"工具坐标系"，切换至工具坐标系设置界面。

②移动光标至待选择的工具（坐标系）编号，点按 [ENTER]【回车键】或 [F2]【功能菜单】（详细），弹出工具坐标系设置详细界面，然后选择功能菜单（图标）栏的"方法"→"六点法（XZ）"，进入至六点（接触）法设置工具坐标系界面，如图 4-12 所示。

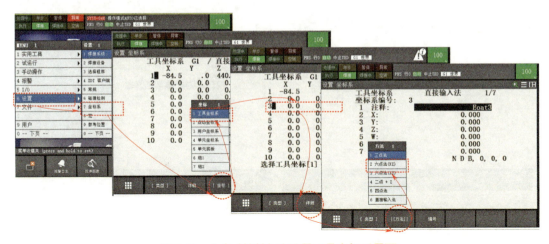

图 4-12 六点（接触）法设置工具坐标系界面

2）记忆参考点的三种不同姿态。 记忆外部参考点的第一种手臂（腕）姿态信息，步骤如下：

①调枪姿。点按 [COORD]【坐标系键】，切换机器人点动坐标系为 [世界] 机座（世界）坐标系，然后遵循 FANUC 焊接机器人的点动基本条件，点动机器人绕 Y 轴转动，调整机器人焊枪喷嘴的指向竖直向下。

②点对点。在机座（世界）坐标系中，保持焊枪姿态不变，点动机器人沿 X 轴、Y 轴、Z 轴方向线性贴近销针，直至焊丝端头接触到销针顶尖（图 4-10a）。

③记位姿。使用【方向键】移动光标至"接近点 1"，按住 [SHIFT]【上档键】+ [F5]

【功能菜单】（记录）组合键，记忆当前点为外部参考点的第一种手臂（腕）姿态，接近点 1 的状态变更为"已记录"，如图 4-13 所示。

记忆外部参考点的第二种手臂（腕）姿态，步骤如下：

①调枪姿。在机座（世界）坐标系中，点动机器人沿 Z 轴方向线性远离销针，然后点按 COORD【坐标系键】，切换机器人点动坐标系为 关节 关节坐标系，点动机器人绕 J6 轴转动（90°～360°）。

②点对点。点按 COORD【坐标系键】，切换机器人点动坐标系为 世界 机座（世界）坐标系。在机座（世界）坐标系中，保持焊枪姿态不变，再次点动机器人线性贴近销针，直至焊丝端头接触到销针顶尖（图 4-10b）。

③记位姿。使用【方向键】移动光标至"接近点 2"，按住 SHIFT【上档键】+ F5

【功能菜单】（记录）组合键，记忆当前点为外部参考点的第二种手臂（腕）姿态，接近点 2 的状态变更为"已记录"，如图 4-14 所示。

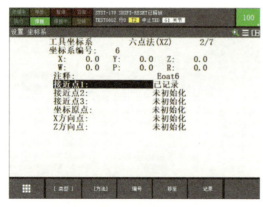

图 4-13　同一外部参考点的机器人手臂（腕）姿态一

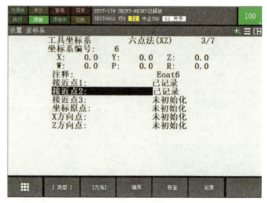

图 4-14　同一外部参考点的机器人手臂（腕）姿态二

记忆外部参考点的第三种手臂（腕）姿态，步骤如下：

①调枪姿。使用【方向键】移动光标至"接近点 1"，按住 SHIFT【上档键】+ F4

【功能菜单】（移至）组合键，快捷将机器人调整至接近点 1 姿态。在 世界 机座（世界）坐标系中，点动机器人沿 Z 轴方向线性远离销针，然后点按 COORD【坐标系键】，切换机器人点动坐标系为 关节 关节坐标系，点动机器人绕 J4 轴和 J5 轴转动（不超过 90°）。

②点对点。点按 COORD【坐标系键】，切换机器人点动坐标系为 世界 机座（世界）坐标系。在机座（世界）坐标系中，保持焊枪姿态不变，再次点动机器人线性贴近销

针,直至焊丝端头接触到销针顶尖(图4-10c)。

③记位姿。使用【方向键】移动光标至"接近点3",按住 SHIFT 【上档键】+ F5 【功能菜单】(记录)组合键,记忆当前点为外部参考点的第三种手臂(腕)姿态,接近点3的状态变更为"已记录",如图4-15所示。

3)记忆工具坐标轴方向点。记忆工具坐标系的原点(X轴和Z轴的起始点),步骤如下:

①调枪姿、点对点。与接近点1的姿态要求相同,调整机器人焊枪喷嘴的指向竖直向下,可以通过按住 SHIFT 【上档键】+ F4 【功能菜单】(移至)组合键,快速调整机器人焊枪姿态,并移动焊丝端头与销针顶尖接触(图4-10d)。

②记位姿。使用【方向键】移动光标至"坐标原点",按住 SHIFT 【上档键】+ F5 【功能菜单】(记录)组合键,记忆当前点为工具坐标系的原点,坐标原点的状态变更为"已记录",如图4-16所示。

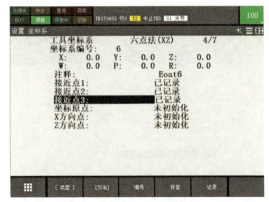
图4-15 同一外部参考点的机器人手臂(腕)姿态三

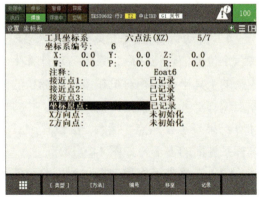
图4-16 工具坐标原点记忆

记忆工具坐标系的X方向点,步骤如下:

①定方向。保持焊枪姿态不变,点动机器人沿 机座(世界)坐标系的X轴方向线性移动一段距离(至少为250mm)。

②记位姿。使用【方向键】移动光标至"X轴方向点",按住 SHIFT 【上档键】+ F5 【功能菜单】(记录)组合键,记忆当前点为工具坐标系的X方向点,X方向点的状态变更为"已记录",如图4-17所示。

记忆工具坐标系的Z方向点,步骤如下:

①定方向。使用【方向键】移动光标至"坐标原点",按住 SHIFT 【上档键】+ F4 【功能菜单】(移至)组合键,快速将机器人移至坐标原点。保持焊枪姿态不变,点动机

器人沿  机座（世界）坐标系的Z轴方向线性移动一段距离（至少为250mm）。

②记位姿。使用【方向键】移动光标至"Z轴方向点"，按住 SHIFT【上档键】+ F5 【功能菜单】（记录）组合键，记忆当前点为工具坐标系的Z方向点，Z方向点的状态变更为"已记录"，如图4-18所示。

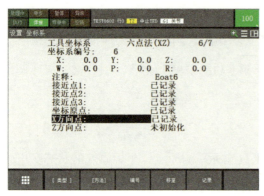

图4-17　工具坐标X方向点记忆

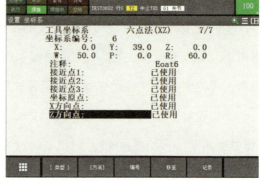

图4-18　工具坐标Z方向点记忆

4）自动计算生成工具坐标系参数。待六个位姿信息记忆后，系统自动计算生成新的工具坐标系相对机械接口坐标系的原点偏移量和坐标轴指向的偏转量，并将计算结果显示在六点（接触）法设置工具坐标系界面的上部，如图4-19所示。

（3）工具坐标编号选择　为检验及使用新设置的工具坐标系，在手动模式下，可以通过如下两种方式选择激活指定编号的工具坐标系。

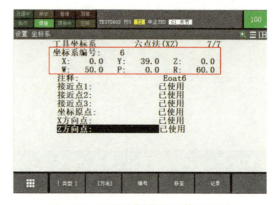

图4-19　工具坐标参数计算及查看

1）主菜单。依次选择主菜单【设置】→【坐标系】，在弹出坐标系设置一览界面中选择功能菜单（图标）栏的"切换"→"工具坐标系"，输入待选择的工具坐标系编号，点按 ENTER【回车键】确认即可，如图4-20a所示。

2）弹出菜单。按住 SHIFT【上档键】+ COORD【坐标系键】组合键，弹出坐标系菜单（示教盒液晶界面右上角），使用【方向键】移动光标至"Tool"，点按【数字键】（0~9）即可激活所选编号的工具坐标系。若选择第十套工具坐标系，则点按"."，如图4-20b所示。

（4）工具坐标精度检验　从工具坐标系的原点（TCP）和坐标轴的指向两个方面分别检验坐标系的设置精度，步骤如下：

项目4 蓄势待发，设置焊接机器人的工具坐标系

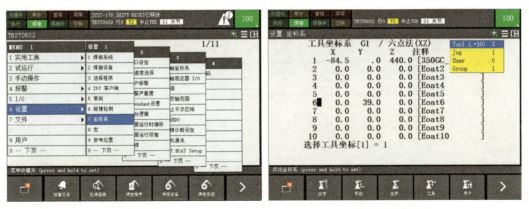

a) 主菜单方式　　　　　　　　　b) 弹出菜单方式

图4-20 工具坐标编号选择

1) 切换机器人点动坐标系。在满足点动机器人基本条件前提下，点按 [COORD]【坐标系键】，切换机器人点动坐标系为 [工具] 工具坐标系。

2) 检验工具坐标系的原点（TCP）和轴指向精度。在工具坐标系中，仍以销针顶尖为基准点，调整焊枪喷嘴竖直向下，然后依次点动机器人沿 X 轴、Y 轴、Z 轴方向线性贴近或远离销针，观察工具坐标轴指向的准确性。同时，绕 X 轴、Y 轴、Z 轴定点转动，观察焊丝端头与基准点的偏离情况，如果偏差在焊丝直径以内，表明工具坐标系的设置精度满足弧焊工艺需求。工具坐标系精度检验如图4-21所示。

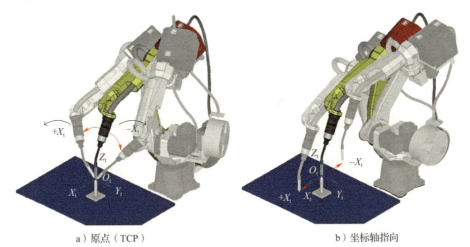

a) 原点（TCP）　　　　　　　　　b) 坐标轴指向

图4-21 工具坐标系精度检验

任务评价

采用六点（接触）法设置FANUC焊接机器人的工具坐标系，将其相对机械接口坐标系的原点偏移量和坐标轴指向的偏转量填入表4-9。

表 4-9 工具坐标系相对机械接口坐标系的原点偏移量和坐标轴指向的偏转量

原点偏移量			坐标轴指向的偏转量		
X/mm	Y/mm	Z/mm	W (°)	P (°)	R (°)

任务拓展

» 当采用三点（接触）法设置工具坐标系时，获得的是工具坐标系相对机械接口坐标系的原点偏移量，还是工具坐标系相对机械接口坐标系的坐标轴指向偏转量？

_____
_____
_____

拓展阅读

焊接机器人工件（用户）坐标系的设置

焊接机器人工件（用户）坐标系的设置

工件（用户）坐标系是编程员参照作业对象和相对机座坐标系而定义的三维空间正交坐标系。FANUC 焊接机器人系统默认可以设置 10 套用户坐标系，编号 0～9（编号 0 表示工件坐标系与机座坐标系重合）。同工具坐标系设置近似，编程员可以采用三点（接触）法设置机器人工件坐标系，分别用于记忆工件坐标系的原点、X 轴方向点和 Y 轴方向点。待工件坐标系设置完成，选择激活新设置的工件坐标系，并点动机器人沿参考对象（如焊道）定向移动。（扫描二维码）

▶ 任务 4.2　点动机器人沿板－板 T 形接头角焊缝运动

任务提出

一焊件之端面与另一焊件表面构成直角或近似直角的接头，称为 T 形接头。T 形接头是建筑、桥梁、船舶等钢结构焊接制造最为常见的接头形式之一。根据焊缝所处位置或承受载荷大小，T 形接头包括 I 形坡口角焊缝（非承载焊缝）和单边 V 形、J 形、K 形、双 J 形对接焊缝（承载焊缝）两种。

本任务要求在任务 4.1 所设置的工具坐标系和默认的工件坐标系中点动 FANUC 焊接机器人，模仿 T 形接头角焊缝（图 4-22，I 形坡口，对称焊接）线状焊道运动轨迹示教时的机器人 TCP 位姿调整，深化对焊接机器人系统运动轴及其在关节、工件、工具等常见机器人点动坐标系中的运动特点的理解，熟悉点动机器人的必要条件。

图 4-22　T 形接头角焊缝平焊示意

知识准备

4.2.1　T 形接头平角焊焊枪姿态规划

表 4-10 列出了钢结构制作中常见的 T 形接头坡口形式和焊缝形式。与对接接头相比，构成 T 形接头的两工件成 90° 左右的夹角，降低熔敷金属和熔渣的流动性，焊后容易产生咬边和气孔等缺陷。因此，为获得理想的焊接接头质量，合理规划机器人焊枪的空间指向显得尤为重要。如图 4-23 所示，对于（I 形坡口）T 形角焊缝而言，当焊脚 S_1、$S_2 \leqslant 7mm$ 时，通常采用单层（道）焊，焊枪行进角 $\alpha=65° \sim 80°$、工作角 $\beta=45°$，且焊枪指向位置（焊丝端头与接头根部的距离 L_1、L_2）与待焊工件的厚度关联。若板厚 $T_1 \leqslant T_2$，则 $L_1=0mm$、$L_2=(1.0 \sim 1.5)\phi（mm）$；反之，$T_1 > T_2$，则 $L_1=(1.0 \sim 1.5)\phi（mm）$、$L_2=0mm$。式中，$\phi$ 为焊丝直径，单位为 mm；当焊脚 S_1、$S_2 > 7mm$ 时，则需要横向摆动焊枪或多层多道焊工艺，此部分内容详见项目 7。

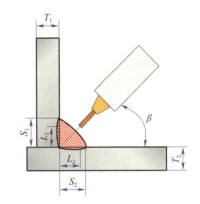

图 4-23　T 形接头平角焊姿态示意

表 4-10　常见的 T 形接头坡口形式和焊缝形式

序号	坡口形式	焊缝形式	接头示例	序号	坡口形式	焊缝形式	接头示例
1	I 形	角焊缝		3	单边 V 形	对接焊缝	
2	单边 V 形	对接焊缝		4	J 形（带钝边）	对接焊缝	

(续)

序号	坡口形式	焊缝形式	接头示例	序号	坡口形式	焊缝形式	接头示例
5	K形	对接焊缝		7	K形	对接和角接的组合焊缝	
6	K形（带钝边）	对接焊缝		8	双J形	对接焊缝	

> » 当采用多层多道焊接（I形坡口）T形接头时，通常焊枪行进角保持 $α=65°\sim 80°$，工作角视焊道（层）而实时调整。例如，当焊脚 S_1、$S_2=10\sim 12mm$ 时，一般采用两层三道焊，焊第一层（第一道）时，工作角 $β=45°$；焊接第二道焊缝时，应覆盖不小于第一层焊缝的2/3，焊枪工作角稍大些，$β=45°\sim 55°$；焊接第三道焊缝时，应覆盖第二道焊缝的1/3～1/2，焊枪工作角 $β=40°\sim 45°$，角度太大，易产生焊脚下偏现象。

4.2.2 机器人焊枪姿态显示

作为一名高水平的焊接机器人编程员，应具备以下三方面能力：一是能够根据接头及坡口形式，合理选择机器人焊枪型号并设置相应的工具坐标系；二是能够根据焊接质量要求，合理规划机器人焊枪姿态；三是能够及时查看机器人焊枪（或TCP）的当前位姿，精确点动机器人至规划位姿。在示教、保养和维修机器人过程中，经常需要了解机器人各关节运动轴及末端工具（或TCP）的位置及姿态，此时可以通过系统状态监视功能实时查看机器人的运动状态。图4-24所示为以关节和直角形式显示FANUC机器人各关节运动轴、末端工具（或TCP）的位置及姿态的界面。

点按 |POSN|【位置键】，选择功能菜单（图标）栏的"关节""用户"或"世界"，即可弹出机器人（焊枪）姿态实时显示界面。

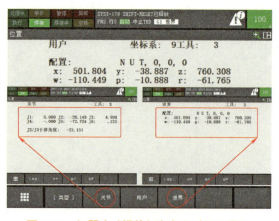

图4-24 机器人（焊枪）姿态实时显示界面

项目4 蓄势待发，设置焊接机器人的工具坐标系

> **任务分析**

同项目3中机器人平板堆焊的运动轨迹示教类似，使用机器人完成T形接头单侧角焊缝至少需要示教五个目标位置点、双侧角焊缝至少示教九个目标位置点，其运动路径和焊枪姿态规划如图4-25所示。各示教点用途参见表4-11。实际示教时，焊接临近（回退）点的记忆滞后于焊接起始（结束）点。这主要缘于临近点的焊枪姿态调整缺乏参照，不如起始点直观，因此编程员通常喜欢在焊接起始点调整焊枪指向，随后沿工具坐标系的 $-Z$ 轴方向（FANUC 机器人）移动机器人至焊接临近点。可见，与指令路径①→②→③→④→⑤→⑥→⑦→⑧→⑨→①不同的是，机器人点动路径因编程员习惯而各不相同，如①→③→②→③→④→……

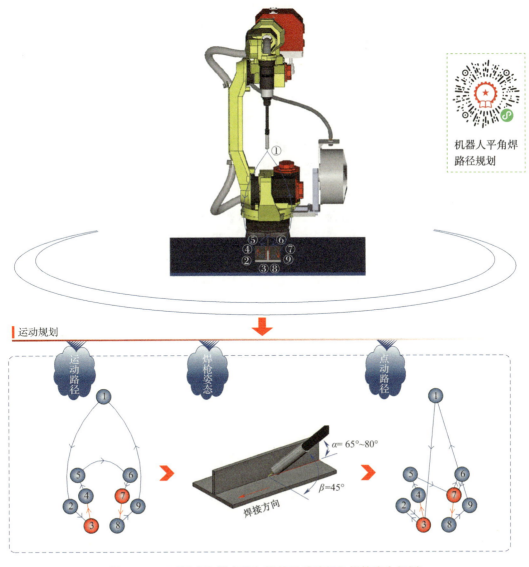

图 4-25 T形接头机器人平角焊的运动路径和焊枪姿态规划

表 4-11　T 形接头机器人平角焊示教点用途

示教点	备注	示教点	备注	示教点	备注
①	原点（HOME）	④	焊接结束点 1	⑦	焊接起始点 2
②	焊接临近点 1	⑤	焊接回退点 1	⑧	焊接结束点 2
③	焊接起始点 1	⑥	焊接临近点 2	⑨	焊接回退点 2

任务实施

（1）示教前准备　开始点动焊接机器人前，需做如下准备：

1）工件表面清理。核对试板尺寸，将钢板表面的铁锈、油污等杂质清理干净。

2）工件组对点固。使用手工电弧焊（如氩弧焊）从 T 形接头两端面定位焊，焊点不宜过大。

3）工件装夹与固定。选择合适的夹具，将试板固定在焊接工作台上。

4）示教模式确认。切换机器人控制器操作面板【模式旋钮】至"T1"或"T2"位置，选择手动模式，并置示教盒为有效状态（【使能键】对准"ON"位置）。

5）机器人原点确认。执行机器人控制器内已有的原点程序，让机器人返回原点（如 J5=-90°、J1=J2=J3=J4=J6=0°）。

（2）运动轨迹示教　在机器人运动轨迹示教过程中，有时需要连续点动机器人，有时需要增量点动机器人，有时需要单轴点动机器人，有时需要多轴联动机器人。因此，合理选择点动机器人的方式可以事半功倍。参照图 4-25 所示的点动路径，依次导引机器人通过机器人原点 P[1]、焊接起始点 P[3]、焊接临近点 P[2]、焊接结束点 P[4]、焊接回退点 P[5] 等九个目标位置点。其中，机器人原点 P[1] 一般设置在远离待焊工件的可动区域的安全位置；焊接临近点 P[2]、P[6] 和焊接回退点 P[5]、P[9] 一般设置在临近焊接作业区间和便于调整焊枪姿态的安全位置。T 形接头机器人平角焊的运动轨迹示教步骤见表 4-12。值得注意的是，若不创建任务程序记忆目标点位姿，机器人点动数据将不被记忆存储。

表 4-12　T 形接头机器人平角焊的运动轨迹示教步骤

示教点	示教步骤
机器人原点 P[1]	1）查看机器人本体轴位置。点按 F2 【功能菜单】，选择功能菜单（图标）栏的"关节"，切换示教盒界面以"关节"形式显示机器人各关节轴位置 2）确认焊丝干伸长度。使用钢直尺等工具测量焊丝干伸长度，将其调整至焊丝直径的 10～15 倍

（续）

示教点	示教步骤
焊接起始点 P[3]	1）切换机器人点动坐标系。点按 [COORD]【坐标系键】，切换机器人点动坐标系为系统默认的 [用户] 工件（用户）坐标系，即与 [世界] 机座（世界）坐标系重合 2）移至调姿参考点。在满足点动机器人条件下，使用【安全开关】+[SHIFT]【上档键】+【运动键】组合键，点动机器人沿 [用户] 工件（用户）坐标系的 X 轴、Y 轴、Z 轴方向，线性贴近焊接起始点附近的参考点，如立板棱角 3）查看机器人 TCP 位姿。点按 [F3]【功能菜单】，选择功能菜单（图标）栏的"用户"，切换示教盒界面以"直角"形式显示机器人 TCP 的当前位姿 4）调整机器人焊枪工作角。在满足点动机器人条件下，使用【安全开关】+[SHIFT]【上档键】+【运动键】组合键，点动机器人绕 [用户] 工件（用户）坐标系的 +X 轴方向定点转动，实时查看示教盒右侧界面显示的机器人 TCP 姿态，精确调整焊枪工作角 $\beta=45°$ 5）移至焊接起始点。在满足点动机器人条件下，使用【安全开关】+[SHIFT]【上档键】+【运动键】组合键，点动机器人沿 [用户] 工件（用户）坐标系的 $-Z$ 轴方向线性缓慢移至焊接起始点 6）调整机器人焊枪行进角。在满足点动机器人条件下，使用【安全开关】+[SHIFT]【上档键】+【运动键】组合键，点动机器人绕 [用户] 工件（用户）坐标系的 $+Y$ 轴方向定点转动，实时查看示教盒右侧界面显示的机器人 TCP 姿态，精确调整焊枪行进角 $\alpha=65°\sim 80°$，如图 4-26 所示
焊接临近点 P[2]	1）切换机器人点动坐标系。点按 [COORD]【坐标系键】，切换机器人点动坐标系为系统默认的 [工具] 工具坐标系 2）移至焊接临近点。在满足点动机器人条件下，保持机器人焊枪姿态不变，使用【安全开关】+[SHIFT]【上档键】+【运动键】组合键，点动机器人沿 [工具] 工具坐标系的 +Z 轴方向，线性移向远离焊接起始点的安全位置，离起始点的距离为 $30\sim 50$mm
焊接结束点 P[4]	1）移至焊接起始点。在满足点动机器人条件下，保持机器人焊枪姿态不变，使用【安全开关】+[SHIFT]【上档键】+【运动键】组合键，点动机器人沿 [工具] 工具坐标系的 $-Z$ 轴方向线性移至焊接起始点 2）切换机器人点动坐标系。点按 [COORD]【坐标系键】，切换机器人点动坐标系为 [用户] 工件（用户）坐标系 3）移至焊接结束点。在满足点动机器人条件下，保持机器人焊枪姿态不变，使用【安全开关】+[SHIFT]【上档键】+【运动键】组合键，点动机器人沿 [用户] 工件（用户）坐标系的 $-X$ 轴方向（线状焊道与 X 轴平行）线性移至焊接结束点，如图 4-27 所示

（续）

示教点	示教步骤
焊接回退点 P[5]	1）切换机器人点动坐标系。点按 [COORD]【坐标系键】，切换机器人点动坐标系为 [工具] 工具坐标系 2）移至焊接回退点。在满足点动机器人条件下，保持机器人焊枪姿态不变，使用【安全开关】+ [SHIFT]【上档键】+【运动键】组合键，点动机器人沿 [工具] 工具坐标系的 +Z 轴方向，线性移向远离焊接结束点的安全位置，离结束点的距离为 30～50mm
焊接起始点 P[7]	1）切换机器人点动坐标系。点按 [COORD]【坐标系键】，切换机器人点动坐标系为 [用户] 工件（用户）坐标系 2）移至调姿参考点。在满足点动机器人条件下，使用【安全开关】+ [SHIFT]【上档键】+【运动键】组合键，点动机器人沿 [用户] 工件（用户）坐标系的 X 轴、Y 轴、Z 轴方向，线性贴近第二段焊缝起始点附近的参考点，如立板棱角 3）调整机器人焊枪姿态。在满足点动机器人条件下，使用【安全开关】+ [SHIFT]【上档键】+【运动键】组合键，点动机器人绕 [用户] 工件（用户）坐标系的 Z 轴方向定点转动，实时查看示教盒右侧界面显示的机器人 TCP 姿态，精确调整焊枪工作角 $β=45°$、行进角 $α=65°～80°$ 4）移至焊接起始点。在满足点动机器人条件下，使用【安全开关】+ [SHIFT]【上档键】+【运动键】组合键，点动机器人沿 [用户] 工件（用户）坐标系的 $-Z$ 轴方向，线性缓慢移至第二段焊缝起始点，如图 4-28 所示
焊接临近点 P[6]	1）切换机器人点动坐标系。点按 [COORD]【坐标系键】，切换机器人点动坐标系为 [工具] 工具坐标系 2）移至焊接临近点。在满足点动机器人条件下，保持机器人焊枪姿态不变，使用【安全开关】+ [SHIFT]【上档键】+【运动键】组合键，点动机器人沿 [工具] 工具坐标系的 +Z 轴方向，线性移向远离第二段焊缝起始点的安全位置，离起始点的距离为 30～50mm
焊接结束点 P[8]	1）移至焊接起始点。在满足点动机器人条件下，保持机器人焊枪姿态不变，使用【安全开关】+ [SHIFT]【上档键】+【运动键】组合键，点动机器人沿工具坐标系的 $-Z$ 轴方向线性移至第二段焊缝起始点 2）切换机器人点动坐标系。点按 [COORD]【坐标系键】，切换机器人点动坐标系为 [用户] 工件（用户）坐标系 3）移至焊接结束点。在满足点动机器人条件下，保持机器人焊枪姿态不变，使用【安全开关】+ [SHIFT]【上档键】+【运动键】组合键，点动机器人沿 [用户] 工件（用户）坐标系 +X 轴方向（线状焊道与 X 轴平行）线性移至第二段焊缝结束点，如图 4-29 所示

（续）

示教点	示教步骤
焊接回退点 P[9]	1）切换机器人点动坐标系。点按 **COORD**【坐标系键】，切换机器人点动坐标系为工具坐标系 2）移至焊接回退点。在满足点动机器人条件下，保持机器人焊枪姿态不变，使用【安全开关】+ **SHIFT**【上档键】+【运动键】组合键，点动机器人沿 工具坐标系的 +Z 轴方向，线性移向远离第二段焊缝结束点的安全位置，离结束点的距离为 30～50mm
机器人原点 P[1]	1）查看机器人本体轴位置。点按 **F2**【功能菜单】，选择功能菜单（图标）栏的"关节"，切换示教盒界面以"关节"形式显示机器人各关节轴位置 2）切换机器人点动坐标系。点按 **COORD**【坐标系键】，切换机器人点动坐标系为 关节坐标系 3）点动机器人本体轴。在满足点动机器人条件下，使用【安全开关】+ **SHIFT**【上档键】+【运动键】组合键，点动机器人各关节轴转动，实时查看示教盒界面显示的机器人关节运动状态，精确调控机器人返回原点（如 J5=−90°、J1=J2=J3=J4=J6=0°）

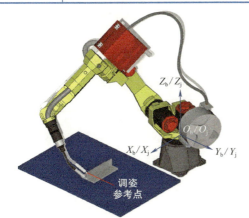

图 4-26　点动机器人至焊接起始点 P[3]

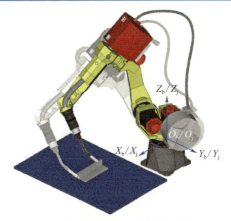

图 4-27　点动机器人至焊接结束点 P[4]

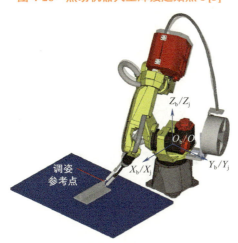

图 4-28　点动机器人至焊接起始点 P[7]

图 4-29　点动机器人至焊接结束点 P[8]

综上可以看出，快速、便捷地完成焊接机器人点动操作，需要适时选择恰当的点动坐标系和坐标（运动）轴。焊接机器人的运动轨迹示教主要是在工件和工具等直角坐标系中完成的。

◎ 任务评价

点动 FANUC 焊接机器人沿板－板 T 形接头角焊缝运动，将各示教点的机器人焊枪姿态数据填入表 4-13。

表 4-13　板－板 T 形接头平角焊的机器人焊枪姿态

示教点	机器人焊枪姿态			示教点	机器人焊枪姿态		
	$W(°)$	$P(°)$	$R(°)$		$W(°)$	$P(°)$	$R(°)$
①				⑤			
②				⑥			
③				⑦			
④				⑧			

📊 任务拓展

» 当点动机器人沿板－板对接接头平焊运动时，机器人焊枪姿态如何规划？

_____

_____

_____

📋 知识测评

一、填空题

1. FANUC 机器人示教时常使用的坐标系有_____坐标系 、_____坐标系 、_____坐标系 和_____坐标系 。

2. 按照运动轴的所属系统关系，焊接机器人系统的运动轴划分为_____和_____两类。

3. 工件坐标系是编程员根据需要参照作业对象自定义的三维空间正交坐标系，所以又称_____。

4. 同为直角坐标系，焊接机器人本体轴在工具坐标系中的运动基本仍为_____，且能够实现_____定点转动。

5. 一般来讲，点动焊接机器人有_____和_____两种操控方式。

二、选择题

1. 完整的焊接机器人工具坐标系设置过程包括的步骤有（　　）。
①坐标系参数计算（或输入）；②坐标系编号选择；③坐标系精度检验
A. ①②　　　　B. ①②③　　　　C. ②③　　　　D. ①③

2. 第一代和第二代焊接机器人系统基本都配置有（　　）等机器人点动坐标系。
①关节；②世界；③工具；④工件（用户）
A. ①②③④　　　B. ①②③　　　　C. ②③④　　　D. ①③④

三、判断题

1. 本体轴和基座轴主要是实现机器人焊枪或 TCP 的空间定位与定向，而工装轴主要是辅助工件完成空间定位。（　　）

2. 坐标系是为确定焊接机器人的位姿而在机器人本体上进行定义的位置指标系统。（　　）

3. 在关节坐标系中，焊接机器人系统各运动轴均可实现单轴正向、反向转动（或移动）。（　　）

4. 工具坐标系适用于点动焊接机器人沿焊枪所指方向移动或绕 TCP 定点转动，以及焊枪横向摆动、运动轨迹平移等场合。（　　）

5. 增量点动机器人适用于手动操作和任务编程时离目标（指令）位姿较远的场合，主要是对机器人焊枪（或工件）的空间位姿进行快速粗调整。（　　）

项目 5 再接再厉，板-板对接接头机器人平焊及其优化

　　直线焊缝是板-板对接接头、板-板角接接头、板-板T形接头和板-板搭接接头的主流焊缝形式。许多复杂焊接结构都是由若干条直线焊缝组合连接而成，如工程机械、船舶、桥梁行业的箱体结构等。直线轨迹是焊接机器人连续路径运动的典型，同时也是焊接机器人任务编程的常见运动轨迹之一。

　　本项目参照1+X"焊接机器人编程与维护"国家职业技能等级要求，重点围绕任务编程这一工作领域，以FANUC焊接机器人为例，通过尝试板-板对接机器人平焊任务的示教编程，掌握机器人直线轨迹焊缝示教编程的内容、流程和调试方法，并完成直线轨迹任务程序的编辑。根据焊接机器人编程员的岗位工作内容，本项目共设置两项任务：一是板-板对接接头机器人平焊任务编程；二是板-板对接接头机器人平焊工艺优化。

学习目标

素养提升

　　1）讲述大国工匠艾爱国的故事，养成不畏艰难、一丝不苟和团结协作的职业素养。

　　2）坚持理论联系实际，对接实际生产工艺要求，做到"知行合一"，提高学生的实践能力和综合素质。

　　3）通过拓展阅读，学习焊接机器人功能软件包设置，借助仿真技术，充分发挥学生的主动性与创造性。

知识学习

　　1）能够举例说明常见的机器人焊接缺陷及调控对策。

　　2）能够说明机器人焊接条件的配置原则。

　　3）能够使用机器人运动指令和焊接指令完成直线焊缝的任务编程。

技能训练

　　1）能够熟练配置直线焊缝机器人焊接条件。

　　2）能够根据焊接缺陷合理编辑直线焊缝机器人任务程序。

项目5　再接再厉，板-板对接接头机器人平焊及其优化

3）能够灵活使用示教盒验证机器人任务程序。

学习导图

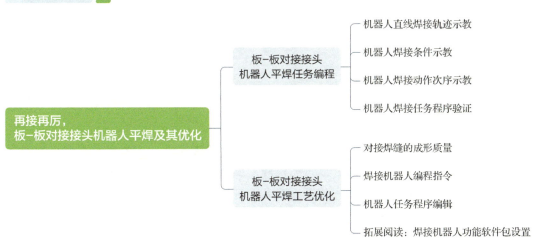

灯塔传承

艾爱国："好焊工"的不老传说

【人物档案】艾爱国，湖南华菱湘潭钢铁有限公司焊接顾问，湖南省焊接协会监事长。他秉持"做事情要做到极致、做工人要做到最好"的信念，在焊工岗位奉献50多年，集丰厚的理论素养、实际经验和操作技能于一身，多次参与我国重大项目焊接技术攻关，攻克数百个焊接技术难关。先后获得"全国十大杰出工人""七一勋章""全国道德模范"等称号，荣获2021年"大国工匠年度人物"。

1983年，原冶金工业部组织全国多家钢铁企业联合研制新型贯流式高炉风口。如何将风口的锻造纯铜与铸造纯铜牢固地焊接在一起，是项目最为棘手的问题。当时还是普通焊工的艾爱国主动请缨，并提出采用当时国内尚未普及的氩弧焊工艺。经过艰苦试验，终于获得成功。多年来，艾爱国为国内多家企业攻克400多项焊接技术难题，改进焊接工艺100多项。从世界最长跨海大桥——港珠澳大桥，到亚洲最大深水油气平台——南海荔湾综合处理平台，再到目前正在进行的国家重点工程——深中通道，艾爱国都参与了施工难题攻坚并出色完成任务。（扫描二维码）

艾爱国："好焊工"的不老传说

— 119 —

【青年寄语】 要静得下心来热爱本职工作,养成终身学习的态度;要树立有理想、敢担当、能吃苦、肯奋斗的精神。

▶ 任务 5.1　板－板对接接头机器人平焊任务编程

⚙ 任务提出

两焊件表面构成135°～180°夹角的接头称为对接接头。从力学角度看,对接接头是较为理想的接头形式,其受力状况较好,应力集中较小,能承受较大的静载荷和动载荷,是焊接结构中常用的一种接头形式。根据板材厚度、焊接方法和坡口形式的不同,可将对接接头分为不开坡口(I形,板厚≤3mm)对接接头和开坡口(如V形、X形、U形等,板厚>3mm)对接接头两种类型。

本任务要求使用富氩气体(如Ar80%+$CO_2$20%)、直径为1.0mm的ER50-6实心焊丝和FANUC焊接机器人,完成尺寸为200mm×50mm×1.5mm的两块碳素钢试板(如Q235)的板－板对接接头机器人平焊,单面焊双面成形,焊缝美观饱满,余高≤1.5mm,焊接变形控制合理,如图5-1所示。

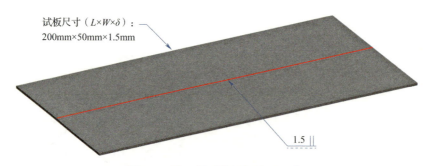

图 5-1　板－板对接平焊接头示意

⚙ 知识准备

5.1.1　机器人直线焊接轨迹示教

机器人完成直线焊缝焊接一般仅需示教两个关键位置点(直线的两端点),且直线结束点的动作类型(或插补方式)为直线动作。以图5-2所示的直线轨迹为例,P[2]是直线轨迹起始点,P[5]是直线轨迹结束点,P[2]→P[5]为直线轨迹区间,共分成P[2]→P[3]焊前区间段、P[3]→P[4]焊接区间段和P[4]→P[5]焊后区间段。以FANUC机器人为例,直线轨迹焊接区间示教要领见表5-1,机器人直线轨迹任务程序如图5-3所示。

项目 5　再接再厉，板-板对接接头机器人平焊及其优化

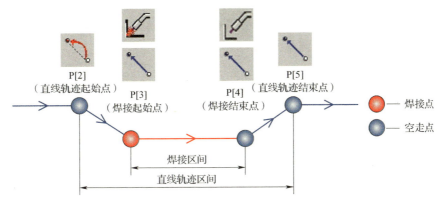

图 5-2　直线轨迹示意

表 5-1　FANUC 机器人直线轨迹焊接区间示教要领

序号	示教点	示教要领
1	P[2] 直线轨迹起始点	1）点动机器人至直线轨迹起始点 2）变更示教点的动作类型为　（J），空走点 3）点按功能菜单（图标）栏的"点"，记忆示教点 P[2]
2	P[3] 焊接起始点	1）点动机器人至焊接起始点 2）变更示教点的动作类型为　（L），焊接点 3）点按功能菜单（图标）栏的"WELD_ST"，记忆示教点 P[3]
3	P[4] 焊接结束点	1）点动机器人至焊接结束点 2）变更示教点的动作类型为　（L），空走点 3）点按功能菜单（图标）栏的"WELDEND"，记忆示教点 P[4]
4	P[5] 直线轨迹结束点	1）点动机器人至直线轨迹结束点 2）变更示教点的动作类型为　（L），空走点 3）点按功能菜单（图标）栏的"点"，记忆示教点 P[5]

图 5-3　FANUC 机器人直线轨迹任务程序示例

- 121 -

> 为保证焊接路径准确度，大型钢结构直线焊缝机器人焊接，应根据构件直线度插入合理数量的示教点（焊接点）。

5.1.2 机器人焊接条件示教

直线焊缝机器人焊接（弧焊）的关键参数包括焊接电流（或送丝速度）、电弧电压、焊接速度、焊丝干伸长度和保护气体流量等，可以通过直接输入、间接调用和手动设置等途径予以配置。

（1）焊丝干伸长度 干伸长度是指焊丝从导电嘴端部到工件表面的距离，而不是从喷嘴端部到工件的距离。保持焊丝干伸长度不变是保证弧长稳定和焊接过程稳定性的重要因素之一。干伸长度过长，气体保护效果不佳，易产生气孔，引弧性能变差，电弧不稳，飞溅增大；干伸长度过短，喷嘴易被飞溅物堵塞，焊丝易与导电嘴粘连。对于不同直径、不同电流、不同材料的焊丝，允许使用的焊丝干伸长度是不同的。熔化极气体保护电弧焊的干伸长度 L 经验公式为：当焊接电流 $I \leqslant 300A$ 时，$L=(10 \sim 15)\phi$（mm）；当焊接电流 $I>300A$ 时，$L=(10 \sim 15)\phi+5mm$。式中，ϕ 为焊丝直径。

通过机器人系统焊接工艺软件中的送丝·检气功能，可以调整焊丝干伸长度。FANUC 焊接机器人送丝·检气按键布局如图 3-3 所示。手动调节焊丝干伸长度方法如下：

1）点动送丝。在手动模式下，点按 【送丝键】，焊丝沿导丝管和导电嘴向前送出。若同时长按 【上档键】+【送丝键】组合键 2s 以上，点动送丝速度切换为高速送出。

2）点动退丝。在手动模式下，点按 【退丝键】，焊丝沿导丝管和导电嘴向后回抽。若同时长按 【上档键】+【退丝键】组合键 2s 以上，点动退丝速度切换为高速回抽。

图 5-4 所示为 FANUC 焊接机器人点动送丝 / 退丝。

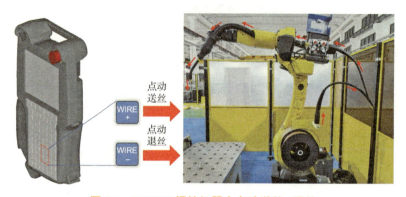

图 5-4　FANUC 焊接机器人点动送丝 / 退丝

(2)保护气体流量 保护气体的种类及其气体流量大小是影响焊接质量的重要因素之一。常见的气体保护电弧焊的保护气体有一元气体、二元混合气体和三元混合气体等,如纯二氧化碳(CO_2)、纯氩气(Ar)、Ar+CO_2等。焊接时,保护气体从焊枪喷嘴吹出,驱赶电弧区的空气,并在电弧区形成连续封闭的气层,使焊接电弧和液态熔池与空气隔绝。保护气体的流量越大,驱赶空气的能力越强,保护层抵抗流动空气的影响的能力越强。但当流量过大时,会使空气形成紊流,并将空气卷入保护层,反而降低保护效果。通常依据喷嘴形状、接头形式、焊丝干伸长度、焊接速度等调整保护气体流量。表5-2列出了喷嘴直径为20mm时CO_2/MAG焊接保护气体流量设置参考值。当喷嘴口径变小时,保护气体流量随之降低。

表 5-2　喷嘴直径为 20mm 时 CO_2/MAG 焊接保护气体流量参考值

焊丝干伸长度/mm	CO_2 气体流量/(L/min)	富氩气体流量/(L/min)
8~15	10~20	15~25
12~20	15~25	20~30
15~25	20~30	25~30

同手动调节焊丝干伸长度类似,可以通过机器人系统焊接工艺软件中的送丝·检气功能调整焊接保护气体流量大小。手动调节焊接保护气体方法如下:

1)打开储气瓶阀门。沿逆时针方向转动钢质储气瓶阀门,打开气体阀门,压力表指针显示压缩保护气体压力,如图5-5所示。

图 5-5　焊接富氩保护气体流量调节

2)激活检气功能。在手动模式下,同时点按 SHIFT【上档键】+ GAS STATUS【检气键】组合键,启用保护气流检查功能,随后可以听到焊枪喷嘴出口处气体喷出的声音。此时调节储气瓶节流阀的流量调节旋钮,使流量指示浮球稳定在合适刻度范围内。

(3)焊接电流 焊接电流是焊接时流经焊接回路的电流,是影响焊接质量和效率的重要因素之一。通常根据待焊工件的板厚、材料类别、坡口形式、焊接位置、焊丝直径和焊接速度等参数配置合理的焊接电流。对于熔化极气体保护焊而言，调节焊接电流的实质是调整送丝速度，如图5-6所示。同一规格的焊丝，焊接电流越大，送丝速度越快；焊接电流相同，焊丝的直径越细，送丝速度越快。此外，每一规格的焊丝都有其允许的焊接电流范围，见表5-3。

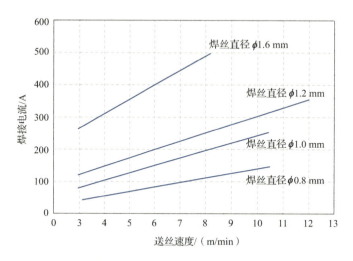

图 5-6　焊接电流与送丝速度的关系

表 5-3　不同直径实心钢焊丝所适用的焊接电流

焊丝直径 /mm	焊接电流 /A	适用板厚 /mm
0.8	50～150	0.8～2.3
1.0	90～250	1.2～6.0
1.2	120～350	2.0～10
1.6	>300	>6.0

（4）焊接速度　焊接速度是单位时间内完成的焊缝长度，是影响焊接质量和效率的又一重要因素。在焊接电流一定的情况下，焊接速度的选择应保证单位时间内焊缝获得足够的热量。焊接热量的计算公式：$Q_{热量}=I^2Rt$，式中，I 为焊接电流，R 为电弧及焊丝干伸长度的等效电阻，t 为焊接时间。显然，相同的焊接热量条件下，存在两种可选择的焊接规范，一种是硬规范，即大电流、短时间（或快焊速），另一种是小电流、长时间（或慢焊速）。在实际生产中偏向硬规范的选择，利于提高焊接效率。相比而言，焊接速度越快，单位长度焊缝的焊接时间越短，其获得的热量越少。对于熔化极气体保护焊而言，机器人焊接速度的参考范围为 30～60cm/min。焊接速度过快时，易产生气孔，焊道变窄，熔深和余高变小。

（5）电弧电压　电弧电压是电弧两端（两电极）之间的电压，其与焊接电流匹配与否直接影响焊接过程稳定性和最终焊接质量。通常电弧电压越高，焊接热量越大，焊丝熔化速度越快，焊接电流也越大。换而言之，电弧电压应与焊接电流相匹配，即保证送丝速度与电弧电压对焊丝的熔化能力一致，利于实现弧长稳定控制。待焊接电流设置后，可以根据经验公式计算适配的电弧电压 $U_{电弧}$：当焊接电流 $I \leqslant 300A$ 时，$U_{电弧}=0.04I+(16±1.5)$ V；当焊接电流 $I>300A$ 时，$U_{电弧}=0.04I+(20±2.0)$ V。电弧电压偏高时，弧长变长，焊接飞溅颗粒变大，焊接过程发出"啪嗒、啪嗒"声，易产生气孔，焊缝变宽，熔深和余高变小；反之，电弧电压偏低时，弧长变短，焊丝插入熔池，飞溅增加，焊接过程发出"嘭、嘭、嘭"声，焊缝变窄，熔深和余高变大。

> » 电弧电压等于焊接电源输出电压减去焊接回路的损耗电压，可表示为 $U_{电弧}=U_{输出}-U_{损}$。损耗电压是指焊枪电缆延长所带来的电压损失，此时可以参考表 5-4 中的数值调整焊接电源的输出电压。

表 5-4　焊接电源输出电压微调整参考　　　　　　　　　　（单位：V）

电缆长度/m	焊接电流/A				
	100	200	300	400	500
10	~1	~1.5	~1	~1.5	~2
15	~1	~2.5	~2	~2.5	~3
20	~1.5	~3	~2.5	~3	~4
25	~2	~4	~3	~4	~5

焊接电流、电弧电压和焊接速度等焊接作业条件的示教原则是：在焊接起始点配置焊接电流和电弧电压；在焊接结束点配置焊接速度、收弧电流、收弧电压和弧坑处理时间。收弧电流略小，通常设置为焊接电流的 60%~80%。合理配置弧坑处理时间，可以避免收弧处出现热裂纹及缩孔，参考范围为 0.5~1.5s。FANUC 焊接机器人可以分别通过 Weld Start、WELD_SPEED 和 Weld End 指令直接输入或间接调用焊接开始和焊接结束规范。需要提醒的是，间接调用焊接规范需要提前配置焊接数据库，方法如下。

1）新建焊接数据库。

①打开焊接数据库一览界面。在手动模式下，依次选择主菜单【数据】→【焊接程序】，弹出焊接数据库一览界面，如图 5-7 所示。

②输入焊接数据库编号。在焊接数据库一览界面中，选择功能菜单（图标）栏的"指令"→"创建程序"，提示"输入新焊接程序的编号："，使用【数字键】输入新创建的焊接数据库编号，点按 ENTER【回车键】确认。

③确认编号输入信息。当弹出"创建新焊接程序＊？"提示消息时，点按 F4 【功能菜单】(是)，创建新的焊接数据库。

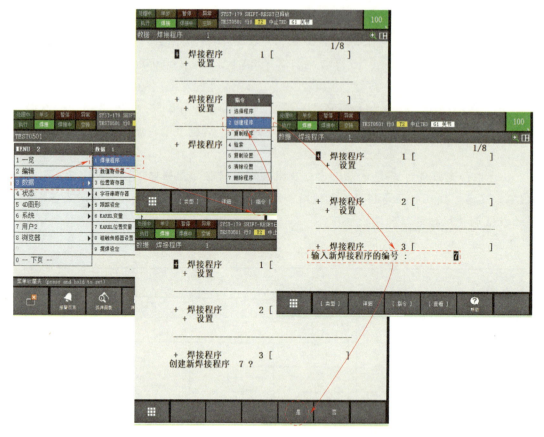

图 5-7 FANUC 机器人焊接数据库新建界面

2）配置焊接开始和焊接结束规范。根据焊接工艺的成熟度，可以选择直接输入和焊接导航交互式输入两种配置方法。直接输入焊接规范方法如下。

①打开焊接（弧焊）条件一览界面。在焊接导航功能禁用条件下，使用【**方向键**】将光标指向焊接数据库一览界面中"设置"前的"+"，点按 ENTER 【**回车键**】弹出焊接（弧焊）条件一览界面，如图 5-8 所示。

②进入焊接（弧焊）条件详细界面。使用【**方向键**】将光标指向相应的设置行，选择功能菜单（图标）栏的"详细"，切换至焊接（弧焊）条件详细界面。

③输入焊接规范参数。使用【**方向键**】将光标分别指向焊接电流、电弧电压、焊接速度和弧坑处理时间等焊接规范参数，通过【**数字键**】输入焊接开始和焊接结束参数值，然后点按 ENTER 【**回车键**】，确认参数输入。

对于初学者，建议利用焊接导航交互功能输入焊接规范，方法如下。

①打开图形化焊接条件配置界面。在焊接导航功能启用条件下，待焊接数据库创建完毕后，选择功能菜单（图标）栏的"是"，进入图形化焊接条件配置界面，如图 5-9 所示。

项目 5 再接再厉，板-板对接接头机器人平焊及其优化

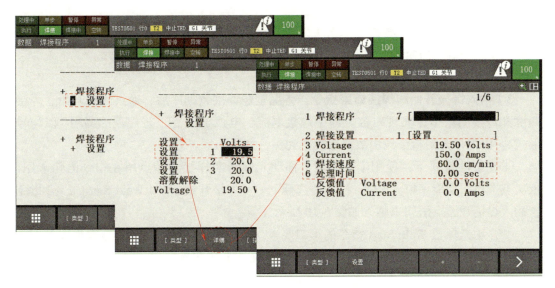

图 5-8 FANUC 机器人直接输入焊接规范界面

②进入焊接（弧焊）条件详细界面。使用【方向键】和 ENTER【回车键】依次输入材料类别、焊丝直径、保护气体种类、接头形式和工件厚度等信息，系统会自动生成一套参考焊接规范。

③确认参考焊接规范参数。选择功能菜单（图标）栏的"完成"，系统显示推荐的焊接规范参数已生成，点按 F4 【功能菜单】（设置）即可将参考焊接规范保存至"设定 1"。

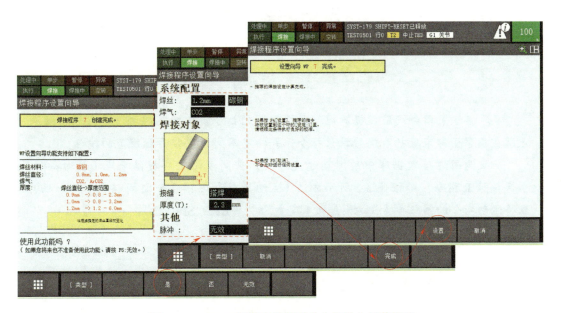

图 5-9 FANUC 机器人焊接导航交互输入规范界面

— 127 —

> 对于 FANUC 焊接机器人而言,在焊接数据库一览界面中,依次选择功能菜单(图标)栏的"详细"→"向导",可以切换焊接导航功能的启停状态。

3)插入焊接开始和焊接结束指令。待配置好焊接数据库后,通过焊接开始、焊接速度和焊接结束指令实现对数据库中焊接电流、电弧电压等工艺规范的调用(以编号形式)。以焊接开始指令调用数据库规范为例,方法如下。

①在手动模式下,使用【方向键】移动光标指向焊接开始点所在指令语句末尾,依次点选界面功能菜单(图标)栏的"选择"→"焊接开始 [ ]",Weld Start[..., ...] 指令被插入焊接开始点语句末尾,如图 5-10 所示。

②移动光标至 Weld Start 指令的第二要素,使用【数字键】输入焊接数据库的工艺规范(以编号形式,如设定 1),按【回车键】确认工艺编号。

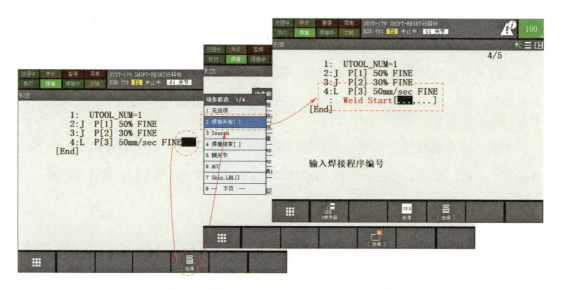

图 5-10 FANUC 机器人插入焊接开始指令界面

> 焊接结束指令调用数据库规范与焊接开始指令类似,不同之处是在焊接结束点所在指令语句末尾插入焊接结束指令,并指定不同于焊接开始规范的编号。
> 欲调用焊接数据库中的焊接速度参数,需同步记忆焊接结束点(运动指令)和焊接结束指令,如任务 3.2 所示方法(运动指令和焊接指令之间以":"分隔),且将运动指令的第三要素(运动速度)变更为"WELD_SPEED"。

5.1.3 机器人焊接动作次序示教

通过项目 1 了解到,焊接机器人(执行系统)和焊接系统(工艺系统)是整个焊接机器人系统的两大核心组成。为提供多样化的集成选择,机器人制造商和焊接电源制造商都开发支持主流通信的硬件接口,使得机器人控制器与焊接电源之间可以通过模拟量、现场总线(如 DeviceNet)和工业以太网(如 EtherNet/IP)等方式进行通信。采用机器人焊接时,焊接电源一般选择二步工作模式,整个焊接过程可以划分为提前吹气、引弧、焊接、弧坑处理、焊丝回烧、熔敷检测、滞后停止吹气等九个阶段,动作次序如图 5-11 所示。具体过程如下。

1)当机器人减速停止在焊接起始点处时,机器人控制器向焊接电源发出焊接开始信号,保护气路接通,进入提前吹气阶段(T1)。

2)提前吹气结束后,进入引弧阶段,此阶段焊接电源输出空载电压,送丝机构开始慢送丝,直至焊丝与工件接触(T2,取决于焊丝端部距离工件的距离和慢送丝速度)。

3)接触引弧成功(T3)后,焊接电源进入正常焊接状态,同时会产生引弧成功信号并传输给机器人控制器,机器人加速移向下一示教点位置,并根据实际需要调整或不调整焊接参数,整个焊接过程焊接电源会按照机器人控制器配置的参数输出电压和送丝(T4)。

4)焊接完成时,机器人减速停止在焊接结束点处,向焊接电源发出结束,焊接电源根据配置的收弧参数填充弧坑(T5,取决于弧坑处理时间)。

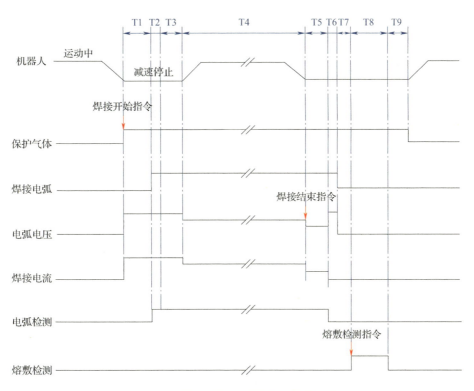

图 5-11 标准机器人(弧焊)焊接动作次序

T1—提前吹气时间 T2—电弧检测 T3—引弧时间 T4—焊接时间 T5—弧坑处理时间
T6—焊丝回烧时间 T7—熔敷检测延迟时间 T8—熔敷检测时间 T9—滞后停止吹气时间

5)待弧坑处理完毕，焊接电源根据设置的回烧时间（T6）自动完成焊丝回烧，随后机器人控制器发出焊丝熔敷状态检测信号（T7、T8），确认是否发生粘丝。

6)粘丝检测结束后，系统进入滞后停止吹气阶段，当预先设置的滞后吹气时间（T9）到，整个焊接过程结束。

FANUC焊接机器人可以通过Weld Start和Weld End指令调用预设的焊接动作次序。焊接动作次序条件的示教主要涉及以下方面：在Weld Start指令中指定焊接开始动作次序（以编号形式给定）；在Weld End指令中指定焊接结束动作次序（以编号形式给定）。具体方法如下。

1)在手动模式下，使用【方向键】移动光标至Weld Start或Weld End指令的第一要素上，然后通过【数字键】输入预先配置的焊接数据库（包含焊接开始和焊接结束动作次序）编号，如图5-12所示。

2)保持光标停留在Weld Start或Weld End指令第一要素处，同时按下【i键】+【辅助菜单】组合键，显示弹出菜单，依次选择"相关视图"→"焊接程序"，示教盒界面自动切换至多分屏模式。此时，点按【分屏键】，通过焊接数据库一览界面，可以查看或修改焊接动作次序信息。

3)确认参数无误后，按下【上档键】+【分屏键】组合键，选择弹出菜单"单画面"选项，结束焊接动作次序配置。

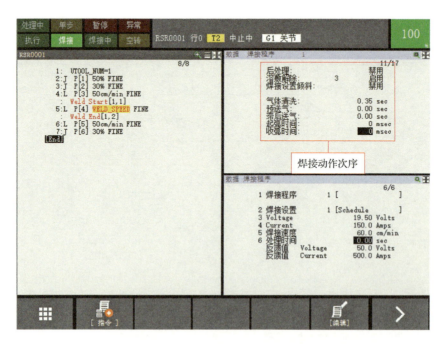

图5-12 FANUC机器人焊接动作次序配置界面

项目5 再接再厉,板-板对接接头机器人平焊及其优化

5.1.4 机器人焊接任务程序验证

如本书前文所述,机器人运动轨迹、焊接条件和动作次序示教完成后,可以通过执行单条指令(正向/反向单步程序验证)或连续指令序列(测试运转),确认机器人TCP路径和工艺性能。程序测试时,暂不执行焊接引弧和收弧操作,即机器人不输出焊接开始和焊接结束动作次序指令信号,使得机器人"空跑"。FANUC机器人任务程序验证及测试运转操作见表5-5。

表5-5 FANUC机器人任务程序验证及测试运转

单步程序验证	程序测试运转
1)在手动模式下,移动光标至程序首行 2)激活单步程序验证功能。点按 STEP【单步键】,单步(灯灭)→单步(灯亮),激活任务程序单步验证功能 3)消除机器人报警信息。轻握【安全开关】,点按 RESET【复位键】,消除机器人系统报警信息 4)单步测试指令语句。轻握【安全开关】,同时按住 SHIFT【上档键】+ FWD【前进键】,程序自上而下顺序单步执行,每执行一条指令语句或每到达一个示教点,自动停止运行;同理,轻握【安全开关】,同时按住 SHIFT【上档键】+ BWD【后退键】,程序自下而上顺序单步执行,每执行一条指令语句或每到达一个示教点,自动停止运行 5)重复步骤4),直至执行全部任务程序	1)在手动模式下,移动光标至程序首行 2)激活程序测试运转功能。点按 STEP【单步键】,单步(灯亮)→单步(灯灭),激活任务程序连续测试功能 3)消除机器人报警信息。轻握【安全开关】,点按 RESET【复位键】,消除机器人系统报警信息 4)连续测试指令语句。轻握【安全开关】的同时保持按住 SHIFT【上档键】,点按 FWD【前进键】一次,程序自上而下顺序连续执行,直至执行最后一条指令语句或到达最后一个指令位姿(如返回HOME)

注:为安全测试验证机器人任务程序,程序测试运转无反向功能,即仅能自上而下执行连续指令序列。

> » 遵循工业机器人安全操作规程,机器人焊接任务程序的测试验证应依次在中速(速度倍率为30%~50%)、中高速(速度倍率为50%~80%)和高速(速度倍率为80%~100%)下执行至少一个循环。确认程序执行无误后,方可自动运转任务程序。

任务分析

板-板对接接头机器人平焊作业的示教较为容易,与项目3机器人平板堆焊的示教方法类似。使用机器人完成尺寸为200mm×50mm×1.5mm的两块碳素钢试板的平焊对接需要示教五个目标位置点,其运动路径和焊枪姿态规划如图5-13所示。各示教点用途见表5-6。实际示教时,可以按照图3-15所示的流程进行示教编程。

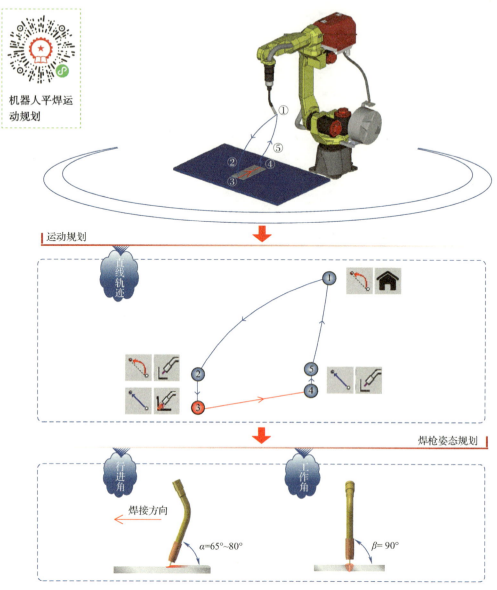

图 5-13　板-板对接接头机器人平焊的运动路径和焊枪姿态规划

表 5-6　板-板对接接头机器人平焊任务的示教点

示教点	备注	示教点	备注	示教点	备注
①	原点（HOME）	③	焊接起始点	⑤	焊接回退点
②	焊接临近点	④	焊接结束点	—	—

任务实施

（1）示教前的准备　开始任务示教前，需做如下准备：

1）试板表面清理。核对试板厚度后，将钢板待焊区域表面铁锈和油污等杂质清理

项目5 再接再厉,板-板对接接头机器人平焊及其优化

干净。

2)坡口组对点固。使用手工电弧焊(如氩弧焊)沿焊接线两端将两块组对好的待焊试板定位焊点固。

3)试板装夹与固定。选择合适的夹具将待焊试板固定在焊接工作台上。

4)机器人原点确认。执行机器人控制器内存储的原点程序,让机器人返回原点(如J5=-90°、J1=J2=J3=J4=J6=0°)。

5)机器人坐标系设置。参照项目4设置焊接机器人工具坐标系和工件(用户)坐标系编号。

6)新建任务程序。参照项目3创建一个文件名为"BUTT_WELD"的焊接程序文件。

(2)运动轨迹示教 参照项目3中任务3.2的示教方法,点动机器人依次通过机器人原点P[1]、焊接临近点P[2]、焊接起始点P[3]、焊接结束点P[4]和焊接回退点P[5]五个目标位置点,并记忆示教点的位姿信息。其中,机器人原点P[1]应设置在远离作业对象(待焊工件)的可动区域的安全位置;焊接临近点P[2]和焊接回退点P[5]应设置在临近焊接作业区间且便于调整焊枪姿态的安全位置。板-板对接接头机器人平焊的运动轨迹示教步骤见表5-7。编制完成的任务程序见表5-8。

表5-7 板-板对接接头机器人平焊的运动轨迹示教步骤

示教点	示教方法
机器人原点 P[1]	1)切换手动模式。切换机器人控制器操作面板【模式旋钮】至"T1"或"T2"位置(手动模式) 2)示教盒置有效状态。切换示教盒【使能键】至"ON"位置(有效) 3)记忆示教点P[1]。点按功能菜单(图标)栏的"点"(F1【功能菜单】),弹出标准动作界面,使用【方向键】选择关节运动指令(J...FINE),点按ENTER【回车键】确认,记忆当前示教点P[1]为机器人原点
焊接临近点 P[2]	1)消除报警信息。轻握【安全开关】,按RESET【复位键】,消除机器人系统报警信息 2)调整机器人焊枪姿态。保持默认的 关节 关节坐标系,握住【安全开关】的同时,按住SHIFT【上档键】+【运动键】组合键,调整机器人末端焊枪至作业姿态(焊枪行进角 $\alpha=65° \sim 80°$) 3)切换机器人点动坐标系。点按COORD【坐标系键】,切换机器人点动坐标系为系统默认的 用户 工件(用户)坐标系 4)移至焊接临近点。在 用户 工件(用户)坐标系中,握住【安全开关】的同时,按住SHIFT【上档键】+【运动键】组合键,点动机器人线性移至作业开始位置附近

- 133 -

（续）

示教点	示教方法
焊接临近点 P[2]	5）记忆示教点 P[2]。点按功能菜单（图标）栏的"点"（ F1 【功能菜单】），弹出标准动作界面，使用【方向键】选择关节运动指令（J...FINE），点按 ENTER 【回车键】确认，记忆当前示教点 P[2] 为焊接临近点，如图 5-14 所示
焊接起始点 P[3]	1）移至焊接起始点。在 [用户] 工件（用户）坐标系中，点动机器人线性移至焊接作业开始位置，如图 5-15 所示 2）记忆示教点 P[3]。点按功能菜单（图标）栏的"WELD_ST"（ F2 【功能菜单】），弹出起弧定义菜单，使用【方向键】选择直线动作焊接开始指令（L...FINE Weld Start...），点按 ENTER 【回车键】确认，记忆当前示教点 P[3] 为焊接起始点
焊接结束点 P[4]	1）移至焊接结束点。在 [用户] 工件（用户）坐标系中，沿 $-X$ 轴方向点动机器人线性移至焊接结束点，如图 5-16 所示 2）记忆示教点 P[4]。点按功能菜单（图标）栏的"WELDEND"（ F4 【功能菜单】），弹出收弧定义菜单，使用【方向键】选择直线动作焊接结束指令（L...FINE Weld End...），点按 ENTER 【回车键】确认，记忆当前示教点 P[4] 为焊接结束点
焊接回退点 P[5]	1）移至焊接回退点。在 [用户] 工件（用户）坐标系中，沿 $+Z$ 轴方向点动机器人远离焊接结束点，如图 5-17 所示 2）记忆示教点 P[5]。点按功能菜单（图标）栏的"点"（ F1 【功能菜单】），弹出标准动作界面，使用【方向键】选择直线运动指令（L...FINE），点按 ENTER 【回车键】确认，记忆当前示教点 P[5] 为焊接回退点
机器人原点 P[1]	1）记忆示教点 P[6]。保持机器人位姿不变，点按功能菜单（图标）栏的"点"（ F1 【功能菜单】），弹出标准动作界面，使用【方向键】选择关节运动指令（J...FINE），点按 ENTER 【回车键】确认，记忆当前示教点 P[6] 2）修改示教点位置变量。使用【方向键】移动光标至位置变量 P[6] 处，通过【数字键】变更位置变量 P[6] 为 P[1]，点按 ENTER 【回车键】确认，记忆机器人原点

项目 5　再接再厉，板-板对接接头机器人平焊及其优化

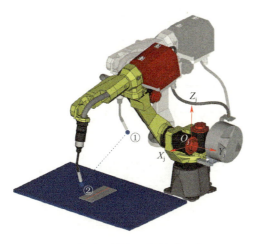

图 5-14　点动机器人至焊接临近点 P[2]

图 5-15　点动机器人至焊接起始点 P[3]

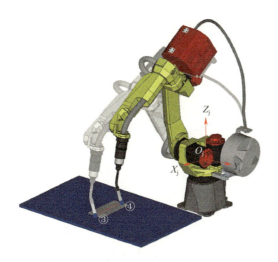

图 5-16　点动机器人至焊接结束点 P[4]

图 5-17　点动机器人至焊接回退点 P[5]

表 5-8　板-板对接接头机器人平焊任务程序

行号码	指令语句	备注
1:	UTOOL_NUM = 1	工具坐标系（焊枪）选择
2:	J　P[1]　80%　FINE	机器人原点（HOME）
3:	J　P[2]　30%　FINE	焊接临近点
4:	L　P[3]　50cm/min　FINE	焊接起始点
:	Weld Start [1, 1]	焊接开始规范和动作次序
5:	L　P[4]　WELD_SPEED　FINE	焊接结束点
:	Weld End [1, 2]	焊接结束规范和动作次序
6:	L　P[5]　50cm/min　FINE	焊接回退点
7:	J　P[1]　80%　FINE	机器人原点（HOME）
[End]		程序结束

注：机器人焊接条件和动作次序均通过调用焊接数据库方法予以配置。

（3）焊接条件和动作次序示教　根据任务要求，本任务选用直径为 1.0mm 的 ER50-6 实心焊丝，较为合理的焊丝干伸长度为 10～12mm，富氩保护气体（Ar80%+$CO_2$20%）流量为 15～20L/min，并通过"焊接导航功能"生成 1.5mm 厚碳素钢对接焊缝的参考规范，如图 5-18 所示。焊接结束规范（收弧电流）为参考规范的 80% 左右，焊接开始和焊接结束动作次序保持默认。关于焊接条件和动作次序的示教请参考本书 5.1.2 和 5.1.3 中的内容。

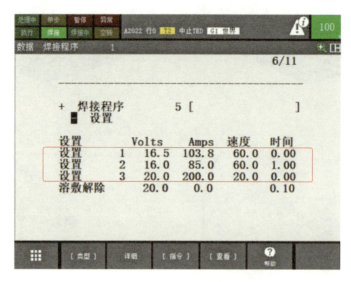

图 5-18　1.5mm 厚碳素钢机器人平板对接焊接规范（焊接导航）

（4）程序验证与再现施焊　为确认机器人 TCP 路径，需要依次进行单步程序验证和连续测试运转，具体实施步骤详见表 5-5。任务程序验证无误后，方可再现施焊。通过 RSR（机器人启动请求）远程方式自动运转机器人任务程序的步骤如下。

1）中止执行中的程序。在手动模式下，点按 [FCTN]【辅助菜单】键，选择【中止程序】。

2）加载任务主程序。使用 [SELECT]【一览键】和【方向键】选择并加载 "RSR0001" 程序。

3）调用任务子程序。移动光标至 CALL 指令参数处，选择界面功能菜单（图标）栏的"选择"，变更调用任务程序为 BUTT_WELD。

4）启用焊接引弧功能。点按 [SHIFT]【上档键】+ [WELD ENBL]【引弧键】组合键，界面左上角的状态栏指示灯 [焊接]（灯亮），表明焊接引弧功能启用。

5）调整速度倍率。点按 [+%]【倍率键】，切换机器人运动速度的倍率档位至 100%。

6）示教盒置无效状态。切换示教盒【使能键】至"OFF"位置（无效）。

7)选择自动模式。切换机器人控制器操作面板的【模式旋钮】至"AUTO"位置(自动模式)。

8)自动运转程序。点按焊接机器人系统外部集中控制盒上的【启动按钮】,自动运转执行任务程序,机器人开始焊接,如图5-19所示。(扫描二维码)

机器人平焊任务编程

a)焊前准备

b)焊接过程

c)焊缝正面成形

d)焊缝背面成形

图 5-19 厚度为 1.5mm 碳素钢试板板－板对接接头机器人平焊

任务评价

本任务要求使用机器人平焊完成厚度为 1.5mm 的板－板对接接头单面焊双面成形,余高≤1.5mm,且合理控制焊接变形。待焊接结束、试板冷却至室温后,通过目视进行焊缝外观检查,然后使用游标卡尺和焊缝检验尺等测量工具,记录及评价机器人平焊质量,见表 5-9。同时,为培养良好的职业素养,对任务实施过程中学生的操作规范性和安全文明生产等进行考核。

表 5-9 板－板对接接头机器人平焊试件外观评分标准

检查项目	标准分数	焊缝等级				得分
		Ⅰ	Ⅱ	Ⅲ	Ⅳ	
焊缝余高	标准/mm	≥1,≤1.5	>1.5,≤2	>2,≤2.5	<1,>2.5	
	分数	20	14	8	0	
焊缝余高差	标准/mm	≤0.5	>0.5,≤1	>1,≤1.5	>1.5	
	分数	10	7	4	0	

(续)

检查项目	标准分数	焊缝等级				得分
		Ⅰ	Ⅱ	Ⅲ	Ⅳ	
焊缝宽度	标准/mm	≥4，≤5	>5，≤5.5 或≥3.5，<4	>5.5，≤6 或≥3，<3.5	<3 或 >6	
	分数	20	14	8	0	
焊缝宽窄差	标准/mm	≤1	>1，≤2	>2，≤3	>3	
	分数	10	7	4	0	
外观成形	标准	正面成形美观，背面熔透高低宽窄一致	正面成形较好，背面熔透平整连续	正面成形尚可，背面熔透高低宽窄明显	正面焊缝弯曲，背面熔透断续	
	分数	20	14	8	0	
角变形	标准/mm	≥5，≤6	>6，≤7	>7，≤8	>8	
	分数	10	7	4	0	
表面气孔	标准/(气孔直径≥0.5mm)	无	1个	2个	>2个	
	分数	10	7	4	0	

注：1. 表面气孔等缺陷检查采用5倍放大镜。
2. 表面有裂纹、未熔合、未焊透和焊瘤等缺陷之一的，该试件外观为0分。
3. 职业素养评分采取倒扣分形式：劳保穿戴不符合要求扣5分；安全操作不符合要求扣5分；文明生产不符合要求扣5分。

任务拓展

» 当遇到"口"字形等连续直线焊缝时，如何规划机器人运动轨迹实现拐角平滑焊接？

___

___

___

▶ 任务5.2　板－板对接接头机器人平焊工艺优化

任务提出

无论是手工焊接还是机器人焊接，焊接接头的外观成形和力学性能均需达标，方

项目5 再接再厉，板-板对接接头机器人平焊及其优化

能称之为焊接质量合格。换而言之，机器人焊接质量的调控包含两个维度：控形和控性。前者主要面向焊缝外观成形而调控焊接参数；后者除成形要求外，还以接头力学性能（如抗拉强度、冲击韧性等）为参数优化的目标，焊接质量要求明显高于前者。

本任务针对上一任务中焊缝成形美观、余高≤1.5mm且焊接变形控制合理的控形质量要求，调整优化机器人焊枪姿态、焊接电流和焊接速度等作业条件，适度减小焊缝背面余高和降低焊件弯曲变形，加深焊接机器人系统关键参数对焊缝成形质量的影响规律理解。

知识准备

5.2.1 对接焊缝的成形质量

针对焊接接头的控形质量要求，板-板对接接头的焊缝成形质量指标主要包括焊缝宽度、余高、熔深等，见表5-10。

表5-10 板-板对接接头焊缝的成形质量指标

指标	指标说明	指标示例
焊缝宽度	焊缝表面两焊趾之间的距离。建议控制在坡口上表面宽度105%~120%	（图示：焊缝宽度、焊趾、焊接衬垫、坡口）
余高	超出母材表面连线上面的那部分焊缝金属的最大高度。建议单面焊正面余高控制在3mm以内；背面余高控制在1.5mm以内	（图示：余高、焊接衬垫）
熔深	在焊接接头横截面上，母材或前道焊缝熔化的深度。建议母材熔深控制在0.5~1.0mm；焊道层间熔深控制在3.0~4.0mm	（图示：熔深、焊接衬垫、坡口）

注：焊趾指的是焊缝表面与母材交界处。

虽然机器人焊接具有质量稳定、一致性好等优点，但是若机器人路径准确度和焊接条件配置不合理时，将会出现气孔、咬边、焊瘤和烧穿等外观缺陷，这也正是需要经常编辑新创建的机器人任务程序的原因。表5-11列出了常见的机器人焊接（弧焊）外观缺陷原因分析及调控方法。

表 5-11 常见的机器人焊接（弧焊）外观缺陷原因分析及调控方法

类别	外观特征	产生原因	调整方法	缺陷示例
成形差	焊缝两侧附着大量焊接飞溅，焊缝宽度及余高的一致性差，焊道断续	1）导电嘴磨损严重，焊丝指向弯曲，焊接过程中电弧跳动 2）焊丝干伸长度过长，焊接电弧燃烧不稳定 3）焊接参数选择不当，导致焊接过程飞溅量大，熔深大小不一	1）更换新的导电嘴和送丝压轮，校直焊丝 2）调整至合适的干伸长度 3）选择合适的焊接电流、电弧电压和焊接速度	
未焊透	接头根部未完全熔透	1）焊接电流过小，焊接速度太快，焊接热输入偏小，导致坡口根部无法受热熔化 2）坡口间隙偏小，钝边偏厚，导致接头根部很难熔透	1）调整至合适的焊接电流（送丝速度）和焊接速度 2）选择合适的坡口角度及钝边	
未熔合	焊道与母材之间或焊道与焊道之间，未完全熔化结合	1）焊接电流过小，焊接速度太快，焊接热输入偏小，导致坡口或焊道受热熔化不足 2）焊接电弧作用位置不当，母材未熔化时已被液态熔敷金属覆盖	1）调整至合适的焊接电流（送丝速度）和焊接速度 2）调整至合适的焊枪倾角和电弧作用位置	
咬边	沿焊趾的母材部位产生沟槽或凹陷，呈撕咬状	1）焊接电流太大，焊缝边缘的母材熔化后未得到熔敷金属的充分填充 2）焊接电弧过长 3）坡口两侧停留时间太长或太短	1）调整至合适的焊接电流（送丝速度）和焊接速度 2）调整至合适的焊丝干伸长度 3）调整至合适的坡口两侧停留时间	
气孔	焊缝表面有密集或分散的小孔，大小、分布不等	1）母材表面污染，受热分解产生的气体未及时排出 2）保护气体覆盖不足，导致焊接熔池与空气接触发生反应 3）焊缝金属冷却过快，导致气体来不及逸出	1）焊前清理焊接区域的油污、油漆、铁锈、水或镀锌层等 2）调整保护气体流量、焊丝干伸长度和焊枪倾角 3）调整至合适的焊接速度	
焊瘤	熔化金属流淌到焊缝外未熔化的母材上，形成金属瘤	熔池温度过高，冷却凝固较慢，液态金属因自重产生下坠	调整至合适的送丝速度或焊接电流	

（续）

类别	外观特征	产生原因	调整方法	缺陷示例
凹坑	焊后在焊缝表面或背面，形成低于母材表面的局部低洼	1）接头根部间隙大，钝边偏薄，熔池体积较大，液态金属因自重产生下坠 2）焊接电流偏大，熔池温度高、冷却慢，导致熔池金属重力增加而表面张力减小	1）选择合适的接头根部间隙和坡口钝边 2）调整至合适的焊接电或流送丝速度	
下塌	单面熔化焊时，焊缝正面塌陷、背面凸起	1）焊接电流偏大，焊缝金属过量透过背面 2）焊接速度偏慢，热量在小区域聚集，熔敷金属过多而下坠	1）调整至合适的焊接电或流送丝速度 2）调整至合适的焊接速度或适度减小焊枪行进角	
烧穿	熔化金属自坡口背面流出，形成穿孔	1）焊接电流过大，热量过高，熔深超过板厚 2）焊接速度过慢，热量小区域聚集，烧穿母材	1）调整至合适的焊接电或流送丝速度 2）调整至合适的焊接速度	
热裂纹	焊接过程中在焊缝和热影响区产生焊接裂纹	1）焊丝含硫量较高，焊接时形成低熔点杂质 2）焊接头拘束不当，冷却凝固的焊缝金属沿晶粒边界拉开 3）收弧电流不合理，产生弧坑裂纹	1）选择含硫量较低的焊丝 2）采用合适的接头工装卡具及拘束力 3）优化收弧电流，必要时采取预热和缓冷措施	
焊接变形	焊件由焊接而产生的角变形、弯曲变形等	1）工件固定不牢，受焊接残余应力作用而变形 2）焊接顺序不当，导致焊接应力集中而变形 3）焊接接头设计不合理	1）采用反变形法或工装卡具刚性固定 2）选择合理的焊接顺序 3）优化接头设计及焊接参数	

5.2.2 焊接机器人编程指令

基于示教－再现原理的焊接机器人，其完成作业所执行的运动轨迹、焊接条件和动作次序均是用户编制的任务程序。机器人任务程序的构成包含两部分：数据声明和指令集合。前者是机器人示教编程过程中形成的相关数据（如示教点位姿数据），以规定的格式予以保存；后者是机器人完成具体操作的编程指令程序，一般由**行号码**、**行标识**、**指令语句**和**程序结构记号**等构成，如图5-20所示。熟知焊接机器人的任务程序构成及指令基本格式，是编辑机器人任务程序的基础。

1）行号码 行号码是机器人制造商为提高任务程序的阅读性，以及便于编程员快速定位任务程序指令语句而自行开发的一种数字助记符号。行号码会自动插入到指令

语句的最左侧。当删除或移动指令语句至程序的其他位置时，程序将自动重新赋予新的行号码，使得首行始终为行 1，第二行为行 2……

2) **行标识** 行标识是机器人制造商为提高任务程序的阅读性，以及警示编程员关键示教点用途或机器人 TCP 运动状态而自行开发的一种图形助记符号。行标识会自动显示在指令语句的左侧。

3) **程序结构记号** 程序结构记号是机器人制造商为提高任务程序的阅读性而自行开发的一种文本助记符号，一般包括程序开始记号（如 Begin of Program）和程序结束记号（如 End of Program）。程序结构记号会自动插入到程序的开头和尾部。当插入指令时，程序结束记号自动下移。程序执行至结束记号时，通常会自动返回至第一行并结束执行。

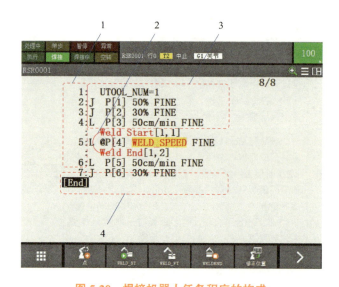

图 5-20 焊接机器人任务程序的构成
1—行号码 2—行标识 3—指令语句 4—程序结束记号

4) **指令语句** 用户编程指令是机器人制造商为让机器人执行特定功能而自行开发的专用编程语言。指令及其参数构成指令语句，若干指令语句的集合构成机器人任务程序。焊接机器人编程指令包含运动类、焊接工艺类、信号处理类、流程控制类和数据运算类等。表 5-12 列出了 FANUC 机器人焊接作业常用的编程指令。

表 5-12 FANUC 机器人焊接作业常用的编程指令

序号	指令类别	指令描述	执行对象	FANUC 机器人指令示例
1	运动指令	对焊接机器人系统各关节运动轴（含附加轴）转动和移动控制的相关指令，用于机器人运动轨迹示教	焊接机器人系统	J、L、A、C、Weave 等
2	焊接指令	对机器人焊接引弧和收弧等进行控制以及焊接工艺条件设置的相关指令，用于机器人作业条件示教	焊接系统	Weld Start、Weld End、WELD_SPEED 等

项目 5　再接再厉，板-板对接接头机器人平焊及其优化

（续）

序号	指令类别	指令描述	执行对象	FANUC 机器人指令示例
3	信号处理指令	对焊接机器人信号输入输出通道进行操作的相关指令，包括对单个信号通道和多个信号通道的设置和读取等，用于机器人动作次序示教	工艺辅助设备	DO、DI、AO、AI、PULSE 等
4	流程控制指令	对机器人操作指令执行顺序产生影响的相关指令，用于机器人动作次序示教	焊接机器人系统	CALL、WAIT、IF、JMP、LBL 等
5	数据运算指令	对程序中相关变量进行数学或布尔运算的指令，用于机器人动作次序示教		+、-、*、/、MOD、DIV 等

（1）运动指令　运动指令是指以指定的运动速度和动作类型控制机器人 TCP 向工作空间内的目标位置运动的指令，包含关节运动指令（J）、直线运动指令（L）和圆弧运动指令（A 或 C）等。以图 5-21 所示任务程序为例，第二行的程序指令语句功能是：在保持焊枪姿态自由前提下，机器人所有关节运动轴同时加速（手动模式时最大运动速度的 30%）移向指令位姿 P[1]，待 TCP 到达 P[1] 位置时，所有关节运动轴同时减速后停止。归纳起来，焊接机器人运动指令主要由动作类型、位置坐标、运动速度、定位方式和附加选项等五大要素构成，不同品牌的机器人指令要素呈现形式有所不同，如图 5-21 所示。各运动指令要素的内涵请扫描二维码查询。

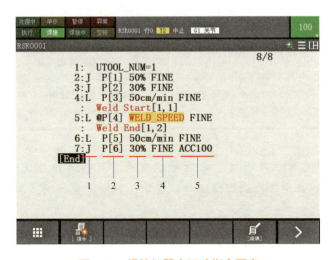

焊接机器人运动指令要素

图 5-21　焊接机器人运动指令要素

1—动作类型　2—位置坐标　3—运动速度　4—定位方式　5—附加选项（可选项）

（2）焊接指令　焊接指令是指定机器人何时、如何进行焊接的指令，包含焊接开始指令（Weld Start）、焊接结束指令（Weld End）和焊接速度指令（WELD_SPEED）等。在执行焊接开始指令和焊接结束指令之间所示教的运动指令语句序列，机器人进行焊接作业。以图 5-20 所示任务程序为例，指令位置 P[3] 为焊接起始点、P[4] 为焊接结束点，第四至五行程序指令语句序列的功能是：机器人携带焊枪采用 Weld Start 指令指

— 143 —

定的焊接开始规范,从指令位置 P[3] 成功引弧后,按照预设的焊接速度线性移向目标点 P[4],并在此位置点减速收弧、停止,收弧规范由 Weld End 指令指定。机器人焊接(弧焊)指令的功能见表 5-13。

表 5-13　机器人焊接指令的功能

序号	焊接指令	指令功能	FANUC 机器人指令示例

1	焊接开始指令	指定机器人按照预设的动作次序和焊接条件引弧作业。其中,焊接规范有两种指令格式:一是调用焊接数据库(编号);二是直接输入工艺参数	1)调用焊接数据库(编号)
			Weld Start [1, 1]
			// 按照编号为 1 的焊接数据库中预设的动作次序和编号为 1 的焊接参数表记录的焊接规范进行引弧作业
			2)直接输入工艺参数
			Weld Start [1, 16.4V, 120A]
			// 按照焊接电流为 120A,电弧电压为 16.4V 的焊接规范,以及编号为 1 的焊接数据中预设的动作次序引弧作业

2	焊接结束指令	指定机器人按照预设的动作次序和焊接条件收弧作业。其中,焊接结束规范有两种指令格式:一是调用焊接数据库(编号);二是直接输入工艺参数	1)调用焊接数据库(编号)
			Weld End [1, 2]
			// 按照编号为 1 的焊接数据库中预设的动作次序和编号为 2 的焊接参数表记录的焊接规范进行收弧作业
			2)直接输入工艺参数
			Weld End [1,16.2V,100A]
			// 按照收弧电流为 100A,收弧电压为 16.2V 的结束规范,以及编号为 1 的焊接数据中预设的动作次序收弧作业,弧坑不做处理

3	焊接速度指令	指定焊接(弧焊)作业区间的机器人焊枪运动速度	L　P[4]　WELD_SPEED　FINE // 调用焊接数据库中的焊接速度参数

> » 对于 FANUC 机器人而言,当运动速度通过"WELD_SPEED"指定时,焊接点采用焊接数据库中预设的焊接速度;否则,与空走点相同,即由运动指令的运动速度参数予以指定。

5.2.3　机器人任务程序编辑

熟知焊接机器人的常见缺陷和编程指令后,编程员需要根据机器人焊接的实际效果,合理调整焊枪姿态和焊接条件,即机器人任务程序编辑。常见的任务程序编辑主要涉及示教点和指令语句的变更操作。

(1)编辑功能图标　同办公软件编辑类似,任务程序指令语句的剪切、复制、粘贴、查找和替换等编辑操作,可以通过功能菜单【编辑】予以实现。FANUC 机器人程序编辑操作中常用的功能菜单见表 5-14。

项目 5　再接再厉，板-板对接接头机器人平焊及其优化

表 5-14　FANUC 机器人程序编辑操作常用功能菜单

序号	菜单选项	选项功能	序号	菜单选项	选项功能
1	插入	手动模式下切换至插入状态	6	变更编号	手动模式下选择示教点重新编号操作
2	删除	手动模式下切换至删除状态	7	注释	手动模式下切换注释显示或隐藏状态
3	复制/剪切	手动模式下选择复制/剪切操作	8	取消	手动模式下撤销前一步操作
4	查找	手动模式下选择查找操作	9	改为备注	手动模式下选择备注操作
5	替换	手动模式下选择替换操作	10	命令颜色	手动模式下切换机器人系统信号输入输出状态显示或隐藏

（2）示教点编辑　　在实际任务编程过程中，焊接机器人的路径规划和轨迹示教基本不可能一蹴而就，需要经常插入新的示教点，变更或删除已有示教点，编辑方法见表 5-15。

表 5-15　FANUC 机器人示教点的插入、变更和删除

编辑类别	编辑方法
插入示教点	1）移动光标位置。在手动模式下，使用【方向键】移动光标至待插入示教点的下一行行号 2）选择插入选项。点按 NEXT【翻页键】，依次选择界面功能菜单（图标）栏的"编辑"→"插入"，此时界面底部弹出"插入多少行？"输入提示 3）输入插入行数。使用【数字键】输入插入行数，按 ENTER【回车键】确认 4）点动机器人。握住【安全开关】的同时，使用 SHIFT【上档键】+【运动键】组合键，点动机器人至目标位置，如图 5-22 所示 5）记忆示教点。依次点按 NEXT【翻页键】→ F1【功能菜单】（点），选择合适的运动指令，记忆并插入新的指令位姿至光标所在行
变更示教点	1）移动光标位置。在手动模式下，使用【方向键】移动光标至待变更示教点所在行的行号 2）点动机器人。握住【安全开关】的同时，使用 SHIFT【上档键】+【运动键】组合键，点动机器人至新的目标位置，如图 5-23 所示 3）重新记忆示教点。根据需要按 NEXT【翻页键】，使用 SHIFT【上档键】+ F5【功能菜单】（记忆）组合键，记忆覆盖新的指令位姿至光标所在行的示教点
删除示教点	1）移动光标位置。在手动模式下，使用【方向键】移动光标至待删除示教点所在行的行号 2）选择删除选项。根据需要按 NEXT【翻页键】，依次选择界面功能菜单（图标）栏的"编辑"→"删除"，此时界面底部弹出"是否删除行？"提示 3）删除示教点。点按 F4【功能菜单】（是），确认删除光标所在行的示教点及指令语句

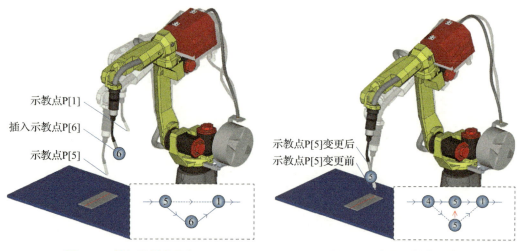

图 5-22 插入示教点示意　　　　图 5-23 变更示教点示意

（3）指令语句编辑　除示教点的变更操作外，焊接机器人任务程序编辑主要包括指令语句的剪切、复制和粘贴等。FANUC 机器人指令语句的编辑方法见表 5-16。

表 5-16　FANUC 机器人指令语句的编辑方法

编辑类别	编辑方法
剪切	1）移动光标位置。在手动模式下，使用【方向键】移动光标至待开始剪切的指令语句的行号 2）选择剪切选项。根据需要按 NEXT 【翻页键】，依次选择界面功能菜单（图标）栏的"编辑"→"复制/剪切" 3）选择指令语句（序列）。点按 F2 【功能菜单】（选择），使用【方向键】选中待剪切的指令语句序列（行号码底色变为黑色） 4）剪切指令语句（序列）。选择界面功能菜单（图标）栏的"剪切"，所选指令序列从任务程序文件中删除，并被暂存在剪贴板中
复制	1）移动光标位置。在手动模式下，使用【方向键】移动光标至待开始复制的指令语句的行号 2）选择复制选项。根据需要按 NEXT 【翻页键】，依次选择界面功能菜单（图标）栏的"编辑"→"复制/剪切" 3）选择指令语句（序列）。点按 F2 【功能菜单】（选择），使用【方向键】选中待复制的指令语句序列（行号码底色变为黑色） 4）复制指令语句（序列）。选择界面功能菜单（图标）栏的"复制"，所选指令序列被暂存在剪贴板中
粘贴	1）移动光标位置。在手动模式下，使用【方向键】移动光标至待插入指令语句的下一行行号 2）选择复制选项。根据需要按 NEXT 【翻页键】，依次选择界面功能菜单（图标）栏的"编辑"→"复制/剪切" 3）粘贴指令语句（序列）。依次选择界面功能菜单（图标）栏的"粘贴"→"R-POS"，暂存在剪贴板中的指令语句序列被顺序插入到光标所在行的上一行；当依次选择界面功能菜单（图标）栏的"粘贴"→"RM-POS"，暂存在剪贴板中的指令语句序列被倒序插入到光标所在行的上一行

项目 5 再接再厉，板-板对接接头机器人平焊及其优化

🌐 任务分析

实现厚度为 1.5mm 碳素钢薄板的平焊对接，要求焊缝成形美观、余高≤1.5mm 且焊接变形控制合理，焊件的控形质量要求较高。众所周知，焊接过程是一个准稳态过程，达到此状态需要一个热积累的过程。由图 5-19 可以看出，当无引弧板和引出板时，欲获得宽度（熔透）均匀、余高平整的高质量焊缝，常需要分段（区）优化调整焊接条件。同时，基于焊接导航功能所生成的参考焊接规范，也需要结合焊接电源的性能和功能配置，合理调整优化工艺参数。本任务将重点从焊枪姿态（行进角）、焊接速度和焊接电流三方面入手，逐一调整焊接参数，直至焊缝成形质量达标。

⚛ 任务实施

（1）示教前的准备 开始任务程序编辑前，需做如下准备：

1）工件换装清理。更换新的试板，将其表面铁锈和油污等杂质清理干净。

2）工件组对点固。使用手工电弧焊（如氩弧焊）将两块新的待焊试板定位焊组对起来。

3）工件装夹与固定。选择合适的夹具将新的试板固定在焊接工作台上。

4）示教模式确认。切换机器人控制器操作面板【模式旋钮】至"T1"或"T2"位置，选择手动模式。

5）加载任务程序。使用 [SELECT]【一览键】和【方向键】选择并加载任务 5.1 中创建的"BUTT_WELD"程序。

（2）任务程序编辑 为获得成形美观的高质量焊缝，在机器人焊接过程中，可以适度渐进减小焊枪的行进角；为获得合适的焊接熔深和变形控制，可以适度增加焊接速度或降低焊接电流。当单因素改变焊枪姿态、焊接速度或焊接电流时，均可参照图 3-15 所示的示教流程测试验证程序和再现施焊。板-板对接接头机器人平焊任务程序编辑方法见表 5-17。综合优化后的焊缝宽度为 4.1mm，正面余高为 1.1mm，背面余高为 0.4mm，焊件的弯曲变形程度降低，整体成形效果如图 5-24 所示。

表 5-17 板-板对接接头机器人平焊任务程序编辑

编辑类别	编辑方法
焊枪姿态调整	1）移动光标位置。在手动模式下，使用【方向键】移动光标至示教点 P[3] 所在行的行号 2）切换机器人点动坐标系。点按 [COORD]【坐标系键】，切换机器人点动坐标系为 [用户] 工件（用户）坐标系 3）调整机器人焊枪姿态。握住【安全开关】的同时，使用 [SHIFT]【上档键】+【运动键】组合键，点动机器人绕工件（用户）坐标系 Y 轴转动，适度减小焊枪行进角（如 $\alpha=70°$） 4）重新记忆示教点 P[3]。根据需要按 [NEXT]【翻页键】，使用 [SHIFT]【上档键】+ [F5]【功能菜单】（记忆）组合键，记忆覆盖新的指令位姿至示教点 P[3]

(续)

编辑类别	编辑方法
焊枪姿态调整	5）移至焊接结束点。握住【安全开关】的同时，使用 SHIFT【上档键】+【运动键】组合键，点动机器人沿工件（用户）坐标系的 X 轴和 Y 轴线性移至焊接结束点 P[4] 6）重新记忆示教点 P[4]。使用 SHIFT【上档键】+ F5【功能菜单】（记忆）组合键，记忆覆盖新的指令位姿至示教点 P[4]
焊接速度变更	1）移动光标位置。在手动模式下，使用【方向键】移动光标至 WELD_SPEED 指令处 2）打开焊接数据库界面。同时按下 i【i键】+ FCTN【辅助菜单】组合键，显示弹出菜单，依次选择"相关视图"→"焊接程序"，弹出焊接数据库一览界面多画面模式，移动光标并适度增加焊接速度（如 65～70cm/min），按 ENTER【回车键】确认 3）关闭焊接数据库界面。确认参数无误后，按下 SHIFT【上档键】+ DISP【分屏键】组合键，选择弹出菜单"单画面"选项，结束焊接电流微调操作
焊接电流微调	1）移动光标位置。在手动模式下，使用【方向键】移动光标至 Weld Start（或 Weld End）指令的第二要素上 2）打开焊接数据库界面。同时按下 i【i键】+ FCTN【辅助菜单】组合键，显示弹出菜单，依次选择"相关视图"→"焊接程序"，弹出焊接数据库一览界面多画面模式，移动光标并适度降低焊接电流（如 80A），按 ENTER【回车键】确认 3）关闭焊接数据库界面。确认参数无误后，按下 SHIFT【上档键】+ DISP【分屏键】组合键，选择弹出菜单"单画面"选项，结束焊接电流微调操作

注：焊接电流和焊接速度等焊接条件通过调用焊接数据库方法予以配置。

a）焊缝正面成形　　　　　　　　　　b）焊缝背面成形

图 5-24　1.5mm 厚碳素钢试板板－板对接接头
机器人平焊焊缝成形优化

机器人平焊工艺调试

> » 为提高机器人焊接生产率，编程员可以根据现场环境适度优化运动指令参数，如焊接临近点"J　P[2]　30%　CNT30"。

项目5 再接再厉，板－板对接接头机器人平焊及其优化

任务评价

本任务针对厚度为 1.5mm 的板－板对接接头机器人平焊单面焊双面成形进行工艺优化。待焊接结束、试板冷却至室温后，通过目视进行焊缝外观检查，然后使用游标卡尺和焊缝检验尺等测量工具，记录及评价机器人平焊质量，见表5-18。同时，为培养良好的职业素养，对任务实施过程中学生的操作规范性和安全文明生产等进行考核。

表 5-18 优化后的板－板对接接头机器人平焊试件外观评分标准

检查项目	标准分数	焊缝等级				得分
		I	II	III	IV	
焊缝余高	标准/mm	≥1，≤1.5	>1.5，≤2	>2，≤2.5	<1，>2.5	
	分数	20	14	8	0	
焊缝余高差	标准/mm	≤0.5	>0.5，≤1	>1，≤1.5	>1.5	
	分数	10	7	4	0	
焊缝宽度	标准/mm	≥4，≤5	>5，≤5.5 或 ≥3.5，<4	>5.5，≤6 或 ≥3，<3.5	<3 或 >6	
	分数	20	14	8	0	
焊缝宽窄差	标准/mm	≤1	>1，≤2	>2，≤3	>3	
	分数	10	7	4	0	
外观成形	标准	正面成形美观，背面熔透高低宽窄一致	正面成形较好，背面熔透平整连续	正面成形尚可，背面熔透高低宽窄明显	正面焊缝弯曲，背面熔透断续	
	分数	20	14	8	0	
角变形	标准/mm	≥5，≤6	>6，≤7	>7，≤8	>8	
	分数	10	7	4	0	
表面气孔	标准/(≥0.5mm)	无	1个	2个	>2个	
	分数	10	7	4	0	

注：1. 表面气孔等缺陷检查采用5倍放大镜。
2. 表面有裂纹、未熔合、未焊透和焊瘤等缺陷之一的，该试件外观为0分。
3. 职业素养评分采取倒扣分形式：劳保穿戴不符合要求扣5分；安全操作不符合要求扣5分；文明生产不符合要求扣5分。

任务拓展

» 当板材厚度增至 2.5mm 时，如何调整焊接参数实现板－板对接接头机器人平焊单面焊双面成形？

_____
_____
_____

📝 拓展阅读

焊接机器人功能软件包设置

焊接机器人功能软件包设置

如前文所述，为提高机器人焊接应用的使用效率和作业质量，机器人制造商针对熔焊和压焊等不同应用开发了多功能焊接软件包，如FANUC机器人的ArcTool等。在使用焊接软件包之前，需合理配置应用程序的有关参数。（扫描二维码）

📋 知识测评

一、填空题

1．机器人完成直线焊缝的焊接一般仅需示教＿＿＿＿个特征点（直线的＿＿＿＿点），插补方式选＿＿＿＿。

2．通常焊接机器人程序内容画面主要由＿＿＿＿、＿＿＿＿、＿＿＿＿及＿＿＿＿等几部分组成。

3．FANUC焊接（弧焊）机器人作业条件的登录，主要涉及以下几个方面：①在＿＿＿＿指令中设定焊接开始规范；②在＿＿＿＿指令中设定焊接结束规范；③手动调节焊丝干伸长度和保护气体流量。

4．请在下表中填入各图标的名称或定义，然后选取以下图标中的一个或几个，按照一定的组合填入空格中，完成FANUC焊接机器人的指定操作。

(1)	(2) NEXT	(3) WELD ENBL	(4) RESET	(5) SHIFT	(6) F1…F5
(7) ←↑↓→	(8) WIRE +	(9) WIRE −	(10) STEP	(11) FWD	(12) GAS STATUS

①复制光标当前所在行指令。_____→_____→_____→_____→_____→_____

②删除光标当前所在行示教点。_____→_____→_____→_____

③从光标当前所在行测试运转任务程序。_____→_____+_____→_____+_____+_____

④点动向前慢速送丝。_____

⑤启用保护气流检查功能。_____+_____

二、选择题

1. 直线焊缝机器人焊接（弧焊）的关键参数包括（　　）等。

①焊接电流；②焊接速度；③电弧电压；④送丝速度；⑤焊丝干伸长度；⑥保护气体流量

A. ①②③④⑤　　　　　　　　B. ①②④⑤⑥

C. ①②③④⑤⑥　　　　　　　D. ①②③④⑥

2. 机器人完成焊接作业的任务程序，一般由（　　）等构成。

①程序结构记号；②行标识；③行号码；④指令语句

A. ②③④　　　　　　　　　　B. ①②③

C. ①②④　　　　　　　　　　D. ①②③④

3. 焊接机器人运动指令的要素构成包括（　　）。

①动作类型；②位置坐标；③运动速度；④定位方式；⑤附加选项

A. ①②③④⑤　　　　　　　　B. ①②⑤

C. ①②④　　　　　　　　　　D. ①②③④

三、判断题

1. 机器人完成直线焊缝焊接一般仅需示教两个关键位置点（直线的两端点），且直线结束点的动作类型（或插补方式）为直线动作。（　　）

2. 程序验证被用于新的程序和调整/编辑原有程序。（　　）

3. 运动指令是指以指定的运动速度和动作类型控制机器人TCP向工作空间内的目标位置运动的指令。（　　）

4. 相同的焊接热量条件下，存在两种可选择的焊接规范，一种是大电流、短时间，另一种则是小电流、长时间，实际生产中偏向小电流、长时间的选择。（　　）

5. 干伸长度是指焊丝从喷嘴端部到工件的距离。（　　）

四、综合实践

尝试使用富氩气体（如Ar80%+$CO_2$20%）、直径为1.2mm的ER50-6实心焊丝和FANUC焊接机器人，通过合理规划机器人运动路径和焊枪姿态，完成中厚板碳素钢

T形接头角焊缝的机器人平角焊作业（图5-25，I形坡口，对称焊接），要求焊缝饱满，焊脚对称且尺寸为6mm，无咬边和气孔等表面缺陷。

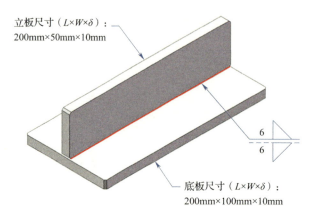

图5-25 中厚板T形接头机器人平角焊

项目 6　行稳致远，骑坐式管-板T形接头机器人平角焊及其优化

　　弧形（圆周）焊缝是管-板T形接头、管-管对接接头和管-管角接接头的主流焊缝形式，很多复杂的焊接结构都是由直线和弧形焊缝组合连接而成，如锅炉、压力容器及其关键部件焊接。圆弧轨迹是焊接机器人连续路径运动的另一典型，同时也是焊接机器人任务编程的又一常见运动轨迹。

　　本项目参照1+X"焊接机器人编程与维护"国家职业技能等级要求，以FANUC焊接机器人为例，通过尝试骑坐式管-板平角焊的任务示教编程，掌握机器人圆弧轨迹焊缝的示教要领，完成圆弧轨迹任务程序的调试。根据焊接机器人编程员的岗位工作内容，本项目共设置两项任务：一是骑坐式管-板T形接头机器人平角焊任务编程；二是骑坐式管-板T形接头机器人平角焊工艺优化。

学习目标

素养提升

　　1）弘扬工匠精神，学习大国工匠李万君潜心钻研、锐意进取、锲而不舍的优良品格，树立"干一行、爱一行、专一行、精一行"的工作理念。

　　2）培养学生分析和解决圆弧轨迹机器人焊接问题的基本能力，为后续专业学习及应用打下坚实基础。

　　3）通过拓展阅读，学习焊丝使用量的监控方法，减少焊接中的不必要损耗，提高生产率，培养学生追求卓越、求真务实的职业精神。

知识学习

　　1）能够列举圆弧、圆周和连弧焊缝机器人焊接轨迹示教的差异。
　　2）能够说明弧形（圆周）焊缝机器人焊接条件的配置原则。
　　3）能够使用机器人运动指令和焊接指令完成弧形（圆周）焊缝的任务编程。

技能训练

　　1）能够灵活使用示教盒调整骑坐式管-板T形接头机器人平角焊焊枪姿态。

机器人焊接

2）能够熟练配置弧形（圆周）焊缝机器人焊接条件。
3）能够根据焊接缺陷合理编辑弧形（圆周）焊缝机器人任务程序。

学习导图

```
                                                  ┌── 机器人圆弧焊接轨迹示教
                          ┌── 骑坐式管-板T形接头   ├── 机器人连弧焊接轨迹示教
                          │   机器人平角焊任务编程 ├── 机器人圆周焊接轨迹示教
行稳致远，                 │                       └── 骑坐式管-板平角焊焊枪姿态规划
骑坐式管-板T形接头机器人 ──┤
平角焊及其优化             │                       ┌── T形接头角焊缝的成形质量
                          └── 骑坐式管-板T形接头   ├── 机器人圆弧运动指令
                              机器人平角焊工艺优化 └── 拓展阅读：焊丝使用量的监控
```

灯塔传承

李万君：平凡的工匠　非凡的大师

【人物档案】李万君，毕业于长春客车厂职业高中，中车长客股份公司高级技师。"技能报国"是他终生夙愿，"大国工匠"是他至尊荣光。他从一名普通焊工成长为中国高铁焊接专家，是"中国第一代高铁工人"中的杰出代表，是高铁战线的"杰出工匠"，被誉为"工人院士"、"高铁焊接大师"。先后获得"中央企业技术能手""全国技术能手""感动中国2016年度人物"等称号，荣获2018年"大国工匠年度人物"。

李万君：平凡的工匠 非凡的大师

　　随着时速350km的中国高铁"复兴号"的成功运营，中国高铁已经成为世界一道亮丽的风景线。我国仅用了不到10年时间，就走过了国际上高速铁路40年的发展历程。在具有世界顶级技术的高速动车组生产中展现才华的中国中车技术工人，被誉为"中国第一代高铁工人"。在这支光荣的队伍中，全国劳模——李万君，凭借精湛的焊接技术和敬业精神，为我国高铁事业发展做出了重要贡献，被誉为"高铁焊接大师"。凭借精湛的焊接技术，李万君在参与填补国内空白的几十种高速车、铁路客车、城铁车，以及出口澳大利亚、美国、新西兰、巴西、泰国、沙特、埃塞俄比亚等国家的列车生产中，攻克了一道又一道技术难关。（扫描二维码）

— 154 —

【青年寄语】愿每一位职业院校的同学，心中都有一个成为大国工匠的理想，它会给你带来无尽的智慧和力量。

▶ 任务 6.1　骑坐式管－板 T 形接头机器人平角焊任务编程

任务提出

管－板 T 形接头可以看成为板－板 T 形接头的延伸，不同之处在于管－板角焊缝位于圆管的端部，属于弧形（圆周）焊缝。根据接头结构型式的不同，可将管－板 T 形接头分为插入式管－板 T 形接头和骑坐式管－板 T 形接头两类；根据空间位置不同，每类管－板 T 形接头又可分为垂直固定俯焊（平角焊）、垂直固定仰焊（仰角焊）和水平固定全位置焊三种。

本任务要求使用富氩气体（如 Ar80%+$CO_2$20%）、直径为 1.2mm 的 ER50-6 实心焊丝和 FANUC 焊接机器人，完成骑坐式管－板（无缝钢管尺寸为 ϕ60mm×60mm×6mm，底板尺寸为 100mm×100mm×10mm，钢管与底板材质均为 Q235，图 6-1）T 形接头机器人平角焊作业，焊脚对称且尺寸为 6mm，焊缝呈凹形圆滑过渡，无咬边和气孔等焊接缺陷。

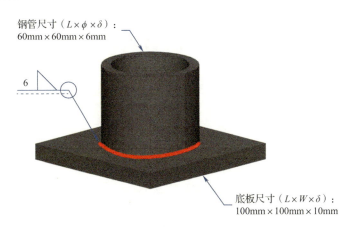

图 6-1　骑坐式管－板 T 形接头示意

知识准备

6.1.1　机器人圆弧焊接轨迹示教

机器人完成单一圆弧焊缝的焊接至少需要示教三个关键位置点（圆弧起始点、圆弧中间点和圆弧结束点），且每个关键位置点的动作类型（或插补方式）均为圆弧动作。以图 6-2 所示的运动轨迹为例，示教点 P[2]～P[6] 分别是圆弧轨迹的临近点、起始点、中间点、结束点和回退点。其中，P[2]→P[3] 为焊前区间段，P[3]→P[5] 为焊接区间段，P[5]→P[6] 为焊后区间段。以 FANUC 机器人为例，单一圆弧轨迹焊接区间示教要领见表 6-1，任务程序如图 6-3 所示。

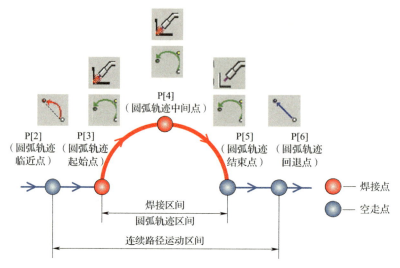

图 6-2 单一圆弧轨迹示意

表 6-1 FANUC 机器人单一圆弧轨迹焊接区间示教要领

序号	示教点	示教要领
1	P[2] 圆弧轨迹临近点 （焊接临近点）	1）点动机器人至圆弧轨迹临近点 2）变更示教点的动作类型为 (J) 或 (L)，空走点 3）点按功能菜单（图标）栏的"点"，记忆示教点 P[2]
2	P[3] 圆弧轨迹起始点 （焊接起始点）	1）点动机器人至圆弧轨迹起始点 2）变更示教点的动作类型为 (A)，焊接点 3）点按功能菜单（图标）栏的"WELD_ST"，记忆示教点 P[3]
3	P[4] 圆弧轨迹中间点 （焊接路径点）	1）点动机器人至圆弧轨迹中间点 2）变更示教点的动作类型为 (A)，焊接点 3）点按功能菜单（图标）栏的"WELD_PT"，记忆示教点 P[4]
4	P[5] 圆弧轨迹结束点 （焊接结束点）	1）点动机器人至圆弧轨迹结束点 2）变更示教点的动作类型为 (A)，空走点 3）点按功能菜单（图标）栏的"WELDEND"，记忆示教点 P[5]

（续）

序号	示教点	示教要领
5	P[6] 圆弧轨迹回退点 （焊接回退点）	1）点动机器人至圆弧轨迹回退点 2）变更示教点的动作类型为 (L)，空走点 3）点按功能菜单（图标）栏的"点"，记忆示教点 P[6]

图 6-3　FANUC 机器人单一圆弧轨迹任务程序示例

> » 无论圆弧临近点采用关节动作还是直线动作，圆弧临近点至圆弧起始点区段，机器人系统自动按直线路径规划运动轨迹。
> » 圆弧轨迹示教时，若示教点数量少于三点或任务程序中紧邻圆弧运动指令少于三条，机器人系统无法计算圆弧中心及轨迹，将发出报警信息或按直线路径规划运动轨迹。

6.1.2　机器人连弧焊接轨迹示教

机器人完成两个及以上连续圆弧焊缝轨迹的焊接至少需要示教五个关键位置点（一个圆弧起始点、一个圆弧结束点和三个以上圆弧中间点），且每个关键位置点的动作类型（或插补方式）均为圆弧动作。以图 6-4 所示的两种运动轨迹为例，示教点 P[2]～P[8] 分别是圆周轨迹的临近点、起始点、中间点、结束点和回退点。其中，示教点 P[5] 既是前段圆弧的结束点，又是后段圆弧的起始点。P[2]→P[3] 为焊前区间段，P[3]→P[7] 为焊接区间段，P[7]→P[8] 为焊后区间段。

按照机器人系统"从上至下、逐块插补"的圆弧动作原则，图 6-4a 所示的 P[3]→P[7] 连弧轨迹区间的运动又分为 P[3]→P[5]、P[4]→P[6]、P[5]→P[7] 三个圆弧分段。需要强调的是，P[3]→P[4] 分段的运动是由 P[3]～P[5] 三个示教点计算生成，

P[4]→P[5]分段的运动则由 P[4]~P[6] 三个示教点计算生成，P[5]→P[7] 分段的运动由 P[5]~P[7] 三个示教点计算生成。同为连弧轨迹区间，但若要实现图 6-4b 所示的 P[3]→P[5] 和 P[5]→P[7] 两个圆弧分段的焊接，则需要在两个圆弧分段连接点处设置一个圆弧分离点（SO）。对于 FANUC 机器人而言，连弧轨迹焊接区间的示教要领见表 6-3，任务程序如图 6-5 和图 6-6 所示。

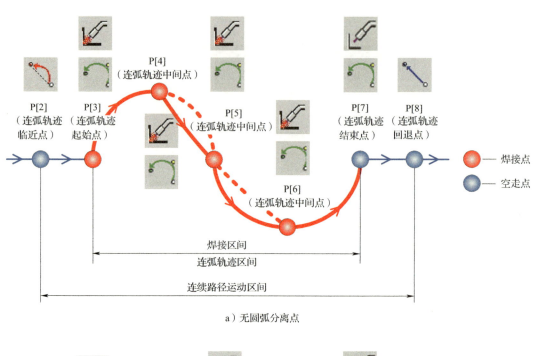

a）无圆弧分离点

b）有圆弧分离点

图 6-4 连弧轨迹示意

项目 6 行稳致远，骑坐式管-板 T 形接头机器人平角焊及其优化

表 6-3 FANUC 机器人连弧轨迹焊接区间示教要领

序号	示教点	示教要领
1	P[2] 连弧轨迹临近点 （焊接临近点）	1）点动机器人至连弧轨迹临近点 2）变更示教点的动作类型为 （J）或 （L），空走点 3）点按功能菜单（图标）栏的"点"，记忆示教点 P[2]
2	P[3] 连弧轨迹起始点 （焊接起始点）	1）点动机器人至连弧轨迹起始点 2）变更示教点的动作类型为 （A），焊接点 3）点按功能菜单（图标）栏的"WELD_ST"，记忆示教点 P[3]
3	P[4] 连弧轨迹中间点 （焊接路径点）	1）点动机器人至连弧轨迹中间点 2）变更示教点的动作类型为 （A），焊接点 3）点按功能菜单（图标）栏的"WELD_PT"，记忆示教点 P[4]
4	P[5] 连弧轨迹中间点/ 分离点 （焊接路径点）	1）点动机器人至连弧轨迹中间点（或分离点） 2）若为中间点，变更示教点的动作类型为 （A），焊接点 3）点按功能菜单（图标）栏的"WELD_PT"，记忆示教点 P[5] 4）若为分离点，接续变更示教点的动作类型为 （L），焊接点 5）点按功能菜单（图标）栏的"WELD_PT"，再次记忆同一示教点 6）若为分离点，接续变更示教点的动作类型为 （A），焊接点 7）点按功能菜单（图标）栏的"WELD_PT"，多次记忆同一示教点
5	P[6] 连弧轨迹中间点 （焊接路径点）	1）点动机器人至连弧轨迹中间点 2）变更示教点的动作类型为 （A），焊接点 3）点按功能菜单（图标）栏的"WELD_PT"，记忆示教点 P[6]
6	P[7] 连弧轨迹结束点 （焊接结束点）	1）点动机器人至连弧轨迹结束点 2）变更示教点的动作类型为 （A），空走点 3）点按功能菜单（图标）栏的"WELDEND"，记忆示教点 P[7]
7	P[8] 连弧轨迹回退点 （焊接回退点）	1）点动机器人至连弧轨迹回退点 2）变更示教点的动作类型为 （L），空走点 3）点按功能菜单（图标）栏的"点"，记忆示教点 P[8]

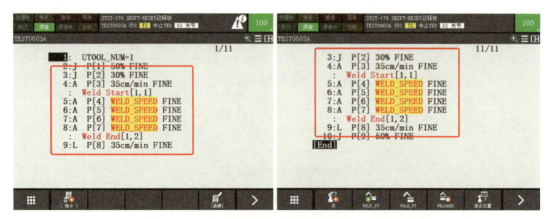

图 6-5　FANUC 机器人连弧轨迹任务程序示例（无圆弧分离点）

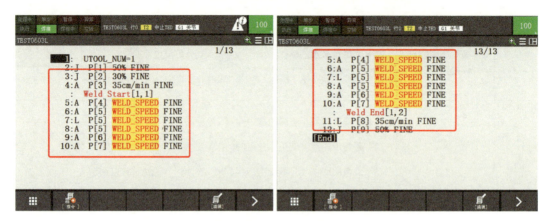

图 6-6　FANUC 机器人连弧轨迹任务程序示例（圆弧分离点）

> » 当机器人任务程序包含三条以上紧邻的圆弧运动指令 A 时，焊接机器人系统将从上至下、逐次取出三条圆弧运动指令进行圆弧插补运算，如图 6-4 所示的连弧轨迹，将依次按照 P[3]→P[5]、P[4]→P[6]、P[5]→P[7] 三个圆弧分段计算圆弧运动轨迹。
>
> » 圆弧分离点（SO）的设置本质上可以看成为"一点多用"，即同一示教点既是上一段圆弧动作的结束点，又是下一段圆弧动作的起始点，同时还是动作类型的转换点（相当于在两条紧邻的圆弧运动指令之间插入一条直线运动指令）。

6.1.3　机器人圆周焊接轨迹示教

机器人完成圆周焊缝的焊接至少需要示教四个关键位置点（一个圆周起始点 / 圆周结束点和三个圆周中间点），且每个关键位置点的动作类型（或插补方式）均为圆弧动作。以图 6-7 所示的运动轨迹为例，示教点 P[2]～P[8] 分别是圆周轨迹的临近点、起始点、中间点、结束点和回退点。其中，P[2]→P[3] 为焊前区间段，P[3]→P[7] 为焊接区间段，P[7]→P[8] 为焊后区间段。以 FANUC 机器人为例，圆周轨迹焊接区间示教要领与连弧轨迹极为相似，见表 6-4，任务程序如图 6-8 所示。

项目 6　行稳致远，骑坐式管-板 T 形接头机器人平角焊及其优化

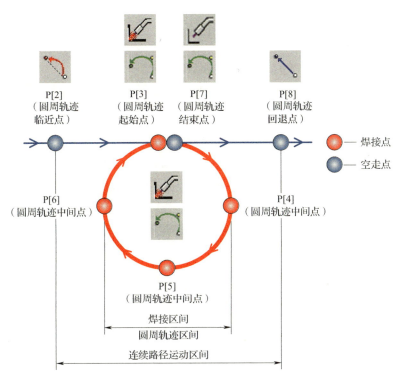

图 6-7　圆周轨迹示意

表 6-4　FANUC 机器人圆周轨迹焊接区间示教要领

序号	示教点	示教要领
1	P[2] 圆周轨迹临近点 （焊接临近点）	1）点动机器人至圆周轨迹临近点 2）变更示教点的动作类型为 　 (J) 或 　 (L)，空走点 3）点按功能菜单（图标）栏的"点"，记忆示教点 P[2]
2	P[3] 圆周轨迹起始点 （焊接起始点）	1）点动机器人至圆周轨迹起始点 2）变更示教点的动作类型为 　 (L)，焊接点 3）点按功能菜单（图标）栏的"WELD_ST"，记忆示教点 P[3]
3	P[4] 圆周轨迹中间点 （焊接路径点）	1）点动机器人至圆周轨迹中间点 2）变更示教点的动作类型为 　 (C)，焊接点 3）点按功能菜单（图标）栏的"WELD_PT"，记忆示教点 P[4]
4	P[5] 圆周轨迹中间点 （焊接路径点）	1）点动机器人至圆周轨迹中间点 2）变更示教点的动作类型为 　 (C)，焊接点 3）点按功能菜单（图标）栏的"WELD_PT"，记忆示教点 P[5]
5	P[6] 圆周轨迹中间点 （焊接路径点）	1）点动机器人至圆周轨迹中间点 2）变更示教点的动作类型为 　 (C)，焊接点 3）点按功能菜单（图标）栏的"WELD_PT"，记忆示教点 P[6]

— 161 —

(续)

序号	示教点	示教要领
6	P[7] 圆周轨迹结束点 （焊接结束点）	1）点动机器人至圆周轨迹结束点 2）变更示教点的动作类型为 ◠（C），空走点 3）点按功能菜单（图标）栏的"WELDEND"，记忆示教点 P[7]
7	P[8] 圆周轨迹回退点 （焊接回退点）	1）点动机器人至圆周轨迹回退点 2）变更示教点的动作类型为 ↗（L），空走点 3）点按功能菜单（图标）栏的"点"，记忆示教点 P[8]

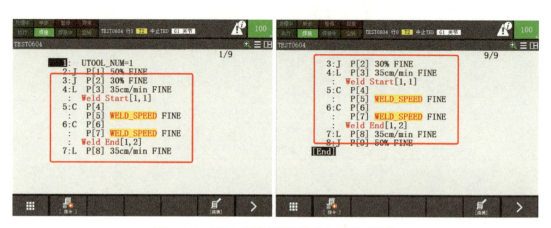

图 6-8　FANUC 机器人圆周轨迹任务程序示例

> » 当机器人任务程序包含两条以上紧邻的圆弧运动指令 C 时，焊接机器人系统将从上至下、逐次取出与圆弧运动指令 C 紧邻的上一个示教点和 C 指令包含的两个示教点进行圆弧插补运算，如图 6-6 所示的圆周焊缝，将依次按照 P[3]→P[5]、P[5]→P[7] 两个圆弧分段计算圆弧运动轨迹。
>
> » 鉴于无缝钢管加工制造存在圆度误差，建议采用六个及以上均匀分布的关键位置点（如沿圆周方向每转 60° 记忆一个示教点）示教圆周焊缝，利于保证焊接路径准确度和焊缝质量。
>
> » 针对圆周（环）焊缝焊接，在无法外加引弧板和收弧板情况下，通常收弧的位置应该从引弧点开始压过 30～40mm，即机器人焊枪或焊接变位机转动 365°～370°，从而形成封闭搭接区域。

6.1.4　骑坐式管－板平角焊焊枪姿态规划

除携带焊枪完成空间定位外，焊接机器人的另一项重要任务就是在指定空间位置完成焊枪指向的调整。作为板－板 T 形接头角焊缝的延伸，管－板 T 形接头角焊缝的机器人焊枪姿态（行进角 α 和工作角 β）规划与板－板 T 形接头角焊缝极为相似，如图

项目6 行稳致远，骑坐式管-板T形接头机器人平角焊及其优化

6-9所示。针对（I形坡口）T形角焊缝，当焊脚S_1、$S_2 \leq 7mm$时，通常采用单层（道）焊，焊枪行进角$\alpha=65°\sim 80°$、工作角$\beta=45°$；当焊脚S_1、$S_2>7mm$时，则需要横向摆动焊枪（摆焊）或多层多道焊工艺。此外，焊枪的指向位置（焊丝端头与接头根部的距离L_1、L_2）与钢管壁厚δ关联。若钢管壁厚$\delta \leq T_1$，则$L_1=0mm$、$L_2=(1.0\sim 1.5)\phi$；反之，$\delta>T_1$，则$L_1=(1.0\sim 1.5)\phi$、$L_2=0mm$。式中，ϕ为焊丝直径，单位为mm。需要注意的是，管-板角焊缝为弧形（圆周）焊缝，焊枪姿态随管-板角焊缝的弧度变化而动态调整。同时，管状试件与板类试件的散热、熔化情况不同，当焊枪姿态规划不合理时，焊接过程中易产生咬边、焊偏和气孔等缺陷。

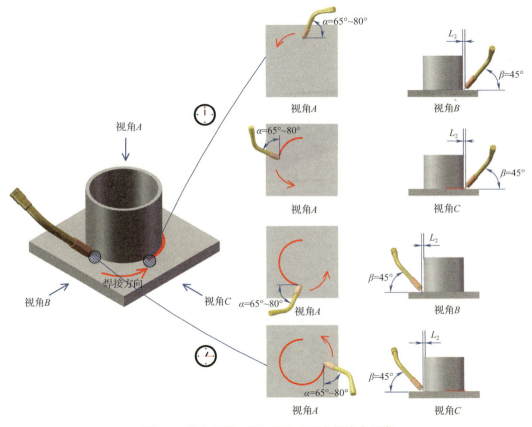

图6-9 骑坐式管-板T形接头平角焊姿态示意

> » 在实际调整机器人焊枪姿态过程中，为便于精准调控机器人焊枪指向（TCP姿态），编程员可以同时按下 SHIFT【上档键】+ DISP【分屏键】组合键，选择弹出菜单"双画面"选项，通过 DISP【分屏键】，选择界面右侧为当前活动窗口，然后点按 POSN【位置键】，选择功能菜单（图标）栏的"用户"或"世界"，打开机器人（焊枪）姿态信息显示画面。

— 163 —

🔸 任务分析

同直线焊缝轨迹示教相比较,管-板T形接头环缝机器人焊接的任务示教相对复杂一些。使用机器人完成骑坐式管-板(无缝钢管和底板)T形接头平角焊作业需要示教九个目标位置点,其运动路径、焊枪姿态和焊丝端头(电弧对中)位置规划如图6-10所示。各示教点用途参见表6-5。实际示教时,可以按照图3-15所示的流程进行示教编程。

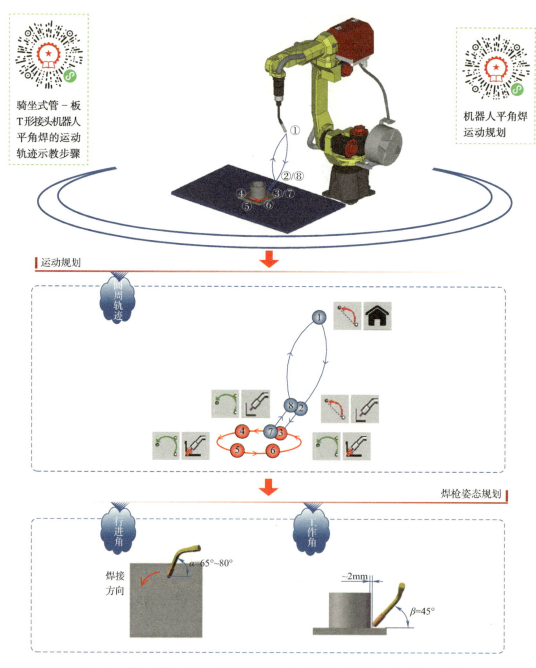

图6-10 骑坐式管-板T形接头机器人平角焊的运动路径和焊枪姿态规划

表 6-5　骑坐式管-板 T 形接头机器人平角焊任务的示教点

示教点	备注	示教点	备注	示教点	备注
①	原点（HOME）	④	圆周焊接路径点	⑦	圆周焊接结束点
②	焊接临近点	⑤	圆周焊接路径点	⑧	焊接回退点
③	圆周焊接起始点	⑥	圆周焊接路径点	—	

任务实施

（1）示教前的准备　开始任务示教前，需做如下准备：

1）工件表面清理。核对钢管和试板的几何尺寸后，将待焊区域表面铁锈和油污等杂质清理干净。

2）接头组对点固。使用手工电弧焊（如氩弧焊）沿钢管内壁（或外壁）将组对好的管-板接头定位焊点固。

3）工件装夹与固定。选择合适的夹具将待焊试件固定在焊接工作台上。

4）机器人原点确认。执行机器人控制器内存储的原点程序，让机器人返回原点（如 J5=-90°、J1=J2=J3=J4=J6=0°）。

5）机器人坐标系设置。参照项目 4 设置焊接机器人工具坐标系和工件（用户）坐标系编号。

6）新建任务程序。参照项目 3 创建一个文件名为"FILLET_WELD"的焊接程序文件。

（2）运动轨迹示教　针对图 6-10 所示的圆周运动路径和焊枪姿态规划，点动机器人依次通过机器人原点 P[1]、焊接临近点 P[2]、圆周焊接起始点 P[3]、圆周焊接路径点 P[4]～P[6]、圆周焊接结束点 P[7]、焊接回退点 P[8] 等八个目标位置点，并记忆示教点的位姿信息，如图 6-11～图 6-16 所示。其中，机器人原点 P[1] 应设置在远离作业

机器人平角焊任务编程

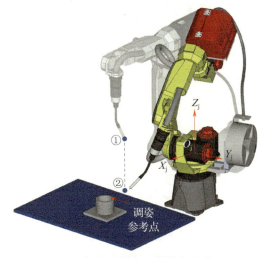

图 6-11　点动机器人至焊接临近点 P[2]

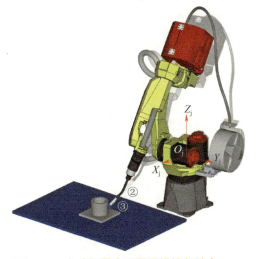

图 6-12　点动机器人至圆周焊接起始点 P[3]

对象（待焊工件）的可动区域的安全位置；焊接临近点 P[2] 和焊接回退点 P[8] 应设置在临近焊接作业区间、便于调整焊枪姿态的安全位置。具体示教步骤请扫描二维码查询。编制完成的任务程序见表 6-6。

图 6-13　点动机器人至圆周焊接路径点 P[4]

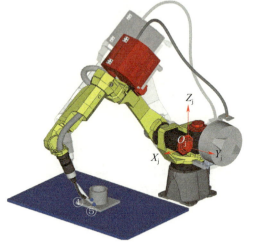

图 6-14　点动机器人至圆周焊接路径点 P[5]

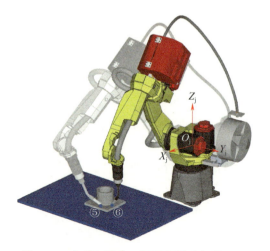

图 6-15　点动机器人至圆周焊接路径点 P[6]

图 6-16　点动机器人至圆周焊接结束点 P[7]

表 6-6　骑坐式管－板 T 形接头机器人平角焊的任务程序

行号码	指令语句	备注
1:	UTOOL_NUM = 1	工具坐标系（焊枪）选择
2:	J　P[1]　80%　FINE	机器人原点（HOME）
3:	J　P[2]　30%　FINE	焊接临近点
4:	L　P[3]　50cm/min　FINE	圆周焊接起始点
:	Weld Start[1, 1]	焊接开始规范和动作次序
5:	C　P[4]	圆周焊接路径点

（续）

行号码	指令语句	备注
6:	P[5]　WELD_SPEED　CNT100	圆周焊接路径点
7:	C　P[6]	圆周焊接路径点
8:	P[7]　WELD_SPEED　FINE	圆周焊接结束点
:	Weld End[1, 2]	焊接结束规范和动作次序
9:	L　P[8]　50cm/min　FINE	焊接回退点
10:	J　P[1]　80%　FINE	机器人原点（HOME）
[End]		程序结束

注：机器人焊接条件和动作次序均通过调用焊接数据库方法予以配置。

（3）**焊接条件和动作次序示教**　根据任务要求，本任务选用直径为 1.2mm 的 ER50-6 实心焊丝，合理的焊丝干伸长度为 12～15mm，富氩保护气体（Ar80%+$CO_2$20%）流量为 20～25L/min，并通过"焊接导航功能"生成骑坐式管－板 T 形接头机器人平角焊的参考规范，如图 6-17 所示。焊接结束规范（收弧电流）为参考规范的 80% 左右，焊接开始和焊接结束动作次序保持默认。关于焊接条件和动作次序的示教可以参考项目 4 中 4.1.2 和 4.1.3，不再赘述。

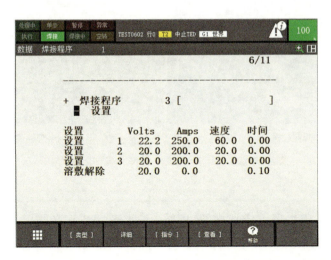

图 6-17　骑坐式管－板 T 形接头机器人平角焊的参考规范（焊接导航）

（4）**程序验证与再现施焊**　参照项目 5 中表 5-5 所示的 FANUC 机器人任务程序验证方法，依次通过单步程序验证和连续测试运转，确认机器人 TCP 运动轨迹的合理性和精确度。待任务程序验证无误后，方可再现施焊。通过 RSR（机器人启动请求）远程方式自动运转机器人任务程序的步骤如下：

1）中止执行中的程序。在手动模式下，点按 [FCTN]【辅助菜单】键，选择【中止程序】。

2）加载任务主程序。使用 [SELECT]【一览键】和【方向键】选择并加载"RSR0001"程序。

3）调用任务子程序。移动光标至 CALL 指令参数处，选择界面功能菜单（图标）栏的"选择"，变更调用任务程序为 FILLET_WELD。

4）启用焊接引弧功能。点按 [SHIFT]【上档键】+ [WELD ENBL]【引弧键】组合键，界面左上角的状态栏指示灯 [焊接]（灯亮），表明焊接引弧功能启用。

5）调整速度倍率。点按 [+%]【倍率键】，切换机器人运动速度的倍率档位至 100%。

6）示教盒置无效状态。切换示教盒【使能键】至"OFF"位置（无效）。

7）选择自动模式。切换机器人控制器操作面板的【模式旋钮】至"AUTO"位置（自动模式）。

8）自动运转程序。点按焊接机器人系统外部集中控制盒上的【启动按钮】，自动运转执行任务程序，机器人开始焊接，如图 6-18 所示。

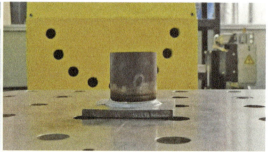

a）焊接过程　　　　　　　　　　b）焊缝成形

图 6-18　骑坐式管－板 T 形接头机器人平角焊

任务评价

本任务要求使用机器人完成骑坐式管－板 T 形接头平角焊，焊脚对称且尺寸为 6mm，焊缝呈凹形圆滑过渡，无咬边和气孔等焊接缺陷。待焊接结束、试板冷却至室温后，通过目视进行焊缝外观检查，然后使用钢直尺、游标卡尺和焊缝检验尺等测量工具，记录及评价机器人平角焊质量，见表 6-7。同时，为培养良好的职业素养，对任务实施过程中学生的操作规范性和安全文明生产等进行考核。

表 6-7　骑坐式管－板 T 形接头机器人平角焊试件外观评分标准

检查项目	标准分数	焊缝等级				得分
		I	II	III	IV	
焊脚 K_1	标准/mm	≥6，≤6.5	>6.5，≤7	>7，≤7.5	<6，>7.5	
	分数	20	14	8	0	

项目6 行稳致远，骑坐式管-板T形接头机器人平角焊及其优化

（续）

检查项目	标准分数	焊缝等级				得分
		I	II	III	IV	
焊脚 K_2	标准/mm	≥6, ≤6.5	>6.5, ≤7	>7, ≤7.5	<6, >7.5	
	分数	20	14	8	0	
焊脚差 ΔK	标准/mm	≤0.5	>0.5, ≤1	>1, ≤1.5	>1.5	
	分数	10	7	4	0	
焊缝凹凸度	标准/mm	>0, ≤0.5	>0.5, ≤1	>1, ≤1.5	>1.5	
	分数	10	7	4	0	
咬边	标准/mm	0	深度≤0.5且长度≤10	深度≤0.5长度>10, ≤15	深度>0.5或深度≤0.5, 长度>15	
	分数	20	14	8	0	
表面气孔	标准（气孔直径≥0.5mm）	无	1个	2个	>2个	
	分数	20	7	4	0	

注：1. 表面气孔等缺陷检查采用5倍放大镜。
2. 表面有裂纹、未熔合和焊瘤等缺陷之一的，该试件外观为0分。
3. 职业素养评分采取倒扣分形式：劳保穿戴不符合要求扣5分；安全操作不符合要求扣5分；文明生产不符合要求扣5分。

任务拓展

» 当遇到管-管相贯线角焊缝时，如何规划机器人运动轨迹和焊枪姿态？

_____
_____
_____

▶ 任务6.2 骑坐式管-板T形接头机器人平角焊工艺优化

任务提出

无论板-板T形接头角焊缝还是管-板T形接头角焊缝，它们均为非全焊透焊缝。当利用机器人实现上述角焊缝的自动化焊接时，机器人焊枪姿态、焊接速度和

焊接电流等关键参数的调控主要是以角焊缝的成形质量（如焊脚尺寸和熔深等）为依据。

本任务针对上一任务——骑坐式管－板T形接头机器人平角焊，焊缝成形美观、凹形圆滑过渡，焊脚对称且尺寸为6mm，无咬边和气孔等焊接质量要求，调整优化机器人焊枪姿态、焊接速度和焊接电流等作业条件，旨在加深焊接机器人系统关键参数对T形接头角焊缝成形质量的影响规律的理解。

知识准备

6.2.1 T形接头角焊缝的成形质量

根据焊缝表面平整情况，可将角焊缝分为凸形角焊缝和凹形角焊缝两种。在其他条件一定时，凹形角焊缝比凸形角焊缝应力集中小，承受动力荷载的性能好，因此关键部位角焊缝的外形应凹形圆滑过渡。T形接头角焊缝的成形质量指标主要包括焊脚尺寸、焊缝厚度和焊缝凹（凸）度等，见表6-8。

表6-8 T形接头角焊缝的成形质量指标

指标	指标说明	指标示例
焊脚尺寸	焊脚指的是在角焊缝横截面中，从一个直角面上的焊趾到另一个直角面表面的最小距离；焊脚尺寸指的是在角焊缝横截面内画出的最大等腰直角三角形的直角边的长度。凸形角焊缝的焊脚和焊脚尺寸相等；凹形角焊缝的焊脚尺寸略小于焊脚。当母材厚度$\delta \leq 6mm$时，最小焊脚尺寸为3mm；母材厚度$6mm<\delta \leq 12mm$时，最小焊脚尺寸为5mm；母材厚度$12mm<\delta \leq 20mm$时，最小焊脚尺寸为6mm；母材厚度$\delta>20mm$时，最小焊脚尺寸为8mm	
焊缝（计算）厚度	焊缝厚度指的是在焊接接头横截面上，从焊缝正面到焊缝背面的距离；焊缝计算厚度（喉厚）指的是设计焊缝时使用的焊缝厚度，它等于在角焊缝横截面内画出的最大等腰直角三角形中，从直角顶点到斜边的垂线长度。单道（层）焊缝厚度不宜超过4～5mm	
焊缝凹（凸）度	在角焊缝横截面上，焊趾连线与焊缝表面之间的最大距离，建议焊缝凸度控制在3mm以内、凹度控制在1.5mm以内	

（续）

指标	指标说明	指标示例
熔深	在焊接接头横截面上，母材或前道焊缝熔化的深度，建议母材熔深控制在 0.5～1.0mm	

注：焊趾指的是焊缝表面与母材交界处。

机器人焊接具有质量稳定、一致性好等优点。但是，当机器人路径准确度和焊接参数配置不合理时，焊接接头将出现未熔合、未焊透、咬边、气孔和裂纹等外观缺陷。表 6-9 列出了常见的 T 形接头角焊缝机器人焊接（弧焊）外观缺陷及调控方法。

表 6-9 常见的 T 形接头角焊缝机器人焊接（弧焊）外观缺陷及调控方法

类别	外观特征	产生原因	调控方法	缺陷示例
成形差	焊缝两侧附着大量焊接飞溅，焊道断续	1）导电嘴磨损严重，焊丝指向弯曲，焊接电弧跳动 2）焊丝干伸长度过长，焊接电弧燃烧不稳定 3）焊接参数选择不当，导致焊接过程飞溅大	1）更换新的导电嘴和送丝压轮，校直焊丝 2）调整至合适的干伸长度 3）选择合适的焊接电流、电弧电压和焊接速度	
未焊透	接头根部未完全熔透	1）焊接电流过小，焊接速度太快，焊接热输入偏小，导致接头根部无法受热熔化 2）焊丝端头偏离接头根部较远，导致根部很难熔透	1）调整至合适的焊接电流（送丝速度）和焊接速度 2）选择合适的焊丝端头与接头根部距离	
未熔合	焊道与母材之间或焊道与焊道之间，未完全熔化结合	1）焊接电流过小，焊接速度太快，导致母材或焊道受热熔化不足 2）焊接电弧作用位置不当，母材未熔化时已被液态熔敷金属覆盖	1）调整至合适的焊接电流（送丝速度）和焊接速度 2）调整至合适的焊枪倾角和电弧作用位置	
咬边	沿焊趾的母材部位产生沟槽或凹陷，呈撕咬状	1）焊接电流太大，焊缝边缘的母材熔化后未得到熔敷金属的充分填充 2）焊接电弧过长，母材被熔化区域过大 3）坡口两侧停留时间太长或太短	1）调整至合适的焊接电流（送丝速度）和焊接速度 2）调整至合适的焊丝干伸长度 3）调整至合适的坡口两侧停留时间	

(续)

类别	外观特征	产生原因	调控方法	缺陷示例
气孔	焊缝表面有密集或分散的小孔，大小、分布不等	1）母材表面污染，受热分解产生的气体未及时排出 2）保护气体覆盖不足，导致焊接熔池与空气接触发生反应 3）焊缝金属冷却过快，导致气体来不及逸出	1）焊前清理焊接区域的油污、油漆、铁锈、水或镀锌层等 2）调整保护气体流量、焊丝干伸长度和焊枪倾角 3）调整至合适的焊接速度	气孔
焊瘤	熔化金属流淌到焊缝外未熔化的母材上所形成的金属瘤	熔池温度过高，冷却凝固较慢，液态金属因自重产生下坠	调整至合适的送丝速度或焊接电流	焊瘤
热裂纹	焊接过程中在焊缝和热影响区产生焊接裂纹	1）焊丝含硫量较高，焊接时形成低熔点杂质 2）焊接头拘束不当，凝固的焊缝金属沿晶粒边界拉开 3）收弧电流不合理，产生弧坑裂纹	1）选择含硫量较低的焊丝 2）采用合适的接头工装卡具及拘束力 3）优化收弧电流，必要时采取预热和缓冷措施	热裂纹

6.2.2 机器人圆弧运动指令

由于坡口形式、焊接位置和焊接材料等焊接环境的多样性，新创建的机器人焊接任务程序往往需要不断编辑优化机器人运动轨迹和焊接条件。圆弧动作是以圆弧插补方式对从圆弧起始点，经由圆弧中间点，移向圆弧结束点的TCP运动轨迹和焊枪姿态进行连续路径控制的一种运动形式。作为典型运动指令之一，机器人圆弧运动指令也包含动作类型、位置坐标、运动速度、定位方式和附加选项等五大要素。表6-10列出了FANUC机器人直线运动指令与圆弧运动指令要素的差异性比较。

表 6-10 FANUC 机器人直线运动指令与圆弧运动指令要素的差异性比较

指令要素	运动指令		
	直线运动（L）	圆弧运动（A）	圆弧运动（C）
动作类型	仅记忆线性运动目标结束点，即一条直线运动指令	连续记忆圆弧运动起始点、中间点和结束点，即三条连续圆弧运动指令	记忆圆弧运动中间点和结束点，即一条圆弧运动指令，圆弧运动起始点由C指令的上一条运动指令记忆，如J或L
位置坐标	通常仅机器人TCP空间位置发生改变，运动过程中空间指向保持不变	机器人TCP的空间位置和空间指向在运动过程中均动态变化	机器人TCP的空间位置和空间指向在运动过程中均动态变化
运动速度	线性路径上机器人TCP以匀速运动为主	弧形路径上机器人TCP的运动速度可根据工艺要求分段设置	弧形路径上机器人TCP以匀速运动为主

(续)

指令要素	运动指令		
	直线运动（L）	圆弧运动（A）	圆弧运动（C）
定位方式	焊接起始点、中间点和结束点为精确定位（FINE），其他辅助过度点为平滑过渡（CNT）	平滑过渡（CNT），平滑等级默认为100，即匀速经过指令位姿	平滑过渡（CNT），平滑等级默认为100，即匀速经过指令位姿

此外，T形接头角焊缝机器人平角焊的焊接条件优化重点是焊接电流、电弧电压和焊接速度之间的匹配度，即编辑焊接开始和焊接结束指令语句。对于FANUC焊接机器人而言，引弧规范可以通过Weld Start指令设置，收弧规范可以通过Weld End指令设置。

任务分析

实现骑坐式管-板T形接头机器人平角焊，要求焊缝成形美观、凹形圆滑过渡，焊脚对称且尺寸为6mm，无咬边和气孔等表面缺陷，焊缝成形质量要求较高。由图6-17可以发现，基于焊接导航功能所生成的参考焊接规范，实际获得的角焊缝尺寸偏少，而且由于焊丝端头与接头根部的距离（电弧作用位置）较远，电弧热量输入至底板较多，使得角焊缝的两个焊脚尺寸存在偏差。此外，焊接收弧处亦存在较为明显的弧坑。本任务将重点从机器人焊枪位姿、焊接速度和焊接电流三方面入手，逐一调整焊接参数，直至焊缝成形质量达标。

任务实施

（1）示教前的准备 开始任务程序编辑前，需做如下准备：

1）工件换装清理。更换新的钢管和试板，将其表面铁锈和油污等杂质清理干净。

2）工件组对点固。使用手工电弧焊（如氩弧焊）将新的待焊钢管和试板组对定位焊点固。

3）工件装夹与固定。选择合适的夹具将新的管-板接头固定在焊接工作台上。

4）示教模式确认。切换机器人控制器操作面板【**模式旋钮**】至"T1"或"T2"位置，选择手动模式。

5）加载任务程序。使用 [SELECT]【一览键】和【方向键】选择并加载任务6.1中创建的"FILLET_WELD"程序。

（2）任务程序编辑 为获得成形美观、凹形圆滑过渡的角焊缝，焊接过程中可以适度渐进降低焊接速度或增加焊接电流；为获得大小一致的焊脚尺寸，可以适度减小焊丝端头与接头根部的距离和机器人焊枪的行进角。当单因素改变机器人焊枪位姿、焊接速度和焊接电流时，均可参照图3-15所示的示教流程测试验证程序和再现施焊。具体的焊接接头质量优化实施过程详见表6-11。综合优化后的角焊缝呈凹形圆滑过渡，焊脚对称且尺寸为 6.3～6.5mm，无咬边和气孔等焊接缺陷，整体成形效果如图 6-19 所示。

表 6-11 骑坐式管-板 T 形接头机器人平角焊任务程序编辑

编辑类别	编辑步骤
焊枪位姿调整	1）移动光标位置。在手动模式下，使用【方向键】移动光标至示教点 P[3] 所在行的行号 2）切换机器人点动坐标系。点按 [COORD]【坐标系键】，切换机器人点动坐标系为 [用户] 工件（用户）坐标系 3）调整机器人焊枪姿态。握住【安全开关】的同时，使用 [SHIFT]【上档键】+【运动键】组合键，点动机器人沿 [用户] 工件（用户）坐标系 X 轴和 Y 轴线性贴近接头根部，在焊丝干伸长度不变的情况下，调整焊丝端头与接头根部的距离至焊丝直径；同时，绕 [用户] 工件（用户）坐标系 X 轴转动，适度减小焊枪行进角（如 α=70°） 4）重新记忆示教点 P[3]。根据需要按 [NEXT]【翻页键】，使用 [SHIFT]【上档键】+ [F5]【功能菜单】(记忆) 组合键，记忆覆盖新的指令位姿至示教点 P[3] 5）重新记忆示教点 P[4]～P[7]。重复步骤 1）～4），将机器人分别快速移至示教点 P[4]～P[7]，然后点动机器人调整焊枪位姿，并记忆覆盖原有示教点的位置坐标
焊接速度变更	1）移动光标位置。移动光标位置。在手动模式下，使用【方向键】移动光标至 WELD_SPEED 指令处 2）打开焊接数据库界面。同时按下 [i]【i 键】+ [FCTN]【辅助菜单】组合键，显示弹出菜单，依次选择"相关视图"→"焊接程序"，弹出焊接数据库一览界面多画面模式，移动光标并适度降低焊接速度（如 45～55cm/min），按 [ENTER]【回车键】确认 3）关闭焊接数据库界面。确认参数无误后，按下 [SHIFT]【上档键】+ [DISP]【分屏键】组合键，选择弹出菜单"单画面"选项，结束焊接电流微调操作
焊接电流微调	1）移动光标位置。在手动模式下，使用【方向键】移动光标至 Weld Start（或 Weld End）指令的第二个参数处 2）打开焊接数据库界面。同时按下 [i]【i 键】+ [FCTN]【辅助菜单】组合键，显示弹出菜单，依次选择"相关视图"→"焊接程序"，弹出焊接数据库一览界面多画面模式，移动光标并适度增加焊接电流（如 305A），按 [ENTER]【回车键】确认 3）关闭焊接数据库界面。确认参数无误后，按下 [SHIFT]【上档键】+ [DISP]【分屏键】组合键，选择弹出菜单"单画面"选项，结束焊接电流微调操作

注：焊接电流和焊接速度等焊接条件通过调用焊接数据库方法予以配置。

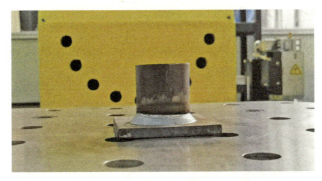

机器人平角焊
工艺调试

图 6-19 骑坐式管－板 T 形接头机器人平角焊成形优化

» 为提高机器人焊接生产率，编程员可以根据现场环境，适度优化运动指令参数，如焊接临近点"J P[2] 30% CNT30"。

任务评价

本任务针对骑坐式管－板 T 形接头机器人平角焊进行工艺优化。待焊接结束、试板冷却至室温后，通过目视进行焊缝外观检查，然后使用钢直尺、游标卡尺和焊缝检验尺等测量工具，记录及评价机器人平角焊质量，见表 6-12。同时，为培养良好的职业素养，对任务实施过程中学生的操作规范性和安全文明生产等进行考核。

表 6-12 优化后的骑坐式管－板 T 形接头机器人平角焊试件外观评分标准

检查项目	标准分数	焊缝等级				得分
		I	II	III	IV	
焊脚 K_1	标准 /mm	≥6, ≤6.5	>6.5, ≤7	>7, ≤7.5	<6, >7.5	
	分数	20	14	8	0	
焊脚 K_2	标准 /mm	≥6, ≤6.5	>6.5, ≤7	>7, ≤7.5	<6, >7.5	
	分数	20	14	8	0	
焊脚差 ΔK	标准 /mm	≤0.5	>0.5, ≤1	>1, ≤1.5	>1.5	
	分数	10	7	4	0	
焊缝凹凸度	标准 /mm	>0, ≤0.5	>0.5, ≤1	>1, ≤1.5	>1.5	
	分数	10	7	4	0	
咬边	标准 /mm	0	深度≤0.5 且长度≤10	深度≤0.5 长度>10, ≤15	深度>0.5 或深度≤0.5, 长度>15	
	分数	20	14	8	0	
表面气孔	标准（气孔直径≥0.5mm）	无	1个	2个	>2个	
	分数	20	7	4	0	

注：1. 表面气孔等缺陷检查采用 5 倍放大镜。
2. 表面有裂纹、未熔合和焊瘤等缺陷之一的，该试件外观为 0 分。
3. 职业素养评分采取倒扣分形式：劳保穿戴不符合要求扣 5 分；安全操作不符合要求扣 5 分；文明生产不符合要求扣 5 分。

📊 任务拓展

» 当板材厚度增加，要求焊脚尺寸为 8mm 时，如何调整焊接参数或道数达到骑坐式管－板 T 形接头机器人平角焊质量要求？

_____

_____

_____

✏️ 拓展阅读

焊丝使用量的监控

焊丝使用量的监控

　　焊丝是作为填充金属或同时作为导电用的金属丝焊接材料。在非熔化极气体保护电弧焊时，焊丝用作填充金属；在熔化极气体保护电弧焊时，焊丝既是填充金属，又是导电电极。也就是说，焊接过程中焊丝通过送丝机构和导丝软管等持续输送消耗，其使用量和剩余量的监控直接关系到焊接生产成本和产品质量控制。（扫描二维码）

📋 知识测评

一、填空题

1. 机器人完成单一圆弧焊缝的焊接至少需要示教_____个关键位置点（圆弧_____、圆弧_____和圆弧_____），且每个关键位置点的动作类型（或插补方式）均为_____。

2. 根据焊缝表面平整情况，角焊缝可以分为_____角焊缝和_____角焊缝两种。

3. 根据接头结构型式，管－板 T 形接头可分为_____和_____管－板接头两类；根据空间位置不同，每类管－板 T 形接头又可分为_____、_____和_____三种。

4. 机器人完成两个及以上连续圆弧焊缝轨迹的焊接至少需要示教_____个关键位置点。

二、选择题

1. 作为典型运动指令之一，机器人圆弧动作指令也包含（　　）等要素。
①动作类型；②位置坐标；③运动速度；④定位形式；⑤附加选项
A. ①②③④　　　B. ①②④⑤　　　C. ①②③④⑤　　　D. ①②③⑤

2. T 形接头角焊缝的成形质量指标主要包括（　　）等。
①焊脚尺寸；②焊缝厚度；③焊缝凹（凸）度；④熔深
A. ①③④　　　B. ①②③　　　C. ②③④　　　D. ①②③④

3. 当利用机器人实现角焊缝的自动化焊接时，机器人关键参数（　　）等的调控主要是以角焊缝的成形质量（如焊脚尺寸、熔深等）为依据。

①焊枪姿态；②焊接速度；③焊接电流

A.①③　　　　　B.①②③　　　　　C.②③　　　　　D.①②

三、判断题

1．机器人完成圆周焊缝的焊接至少需要示教三个关键位置点，且每个关键位置点的动作类型（或插补方式）均为圆弧动作。（　　）

2．管－板角焊缝为弧形（圆周）焊缝，焊枪姿态需要随管－板角焊缝的弧度变化而进行动态调整。（　　）

3．在其他条件一定时，凸形角焊缝比凹形角焊缝应力集中小，承受动力荷载的性能好，所以关键部位角焊缝的外形应凸形圆滑过渡。（　　）

4．圆弧动作是以圆弧插补方式对从圆弧起始点，经由圆弧中间点，移向圆弧结束点的 TCP 运动轨迹和焊枪姿态进行连续路径控制的一种运动形式。（　　）

5．对于 FANUC 焊接机器人而言，收弧规范可以通过 Weld End 指令设置。（　　）

四、综合实践

尝试使用富氩气体（如 $Ar80\%+CO_2 20\%$）、直径为 1.2mm 的 ER50-6 实心焊丝和 FANUC 焊接机器人，通过合理规划机器人运动路径和焊枪姿态，完成组合式碳素钢 T 形接头角焊缝的机器人平角焊作业（图 6-20，I 形坡口，对称焊接），要求单侧连续焊接，焊缝饱满，焊脚对称且尺寸为 6mm，无咬边和气孔等表面缺陷。

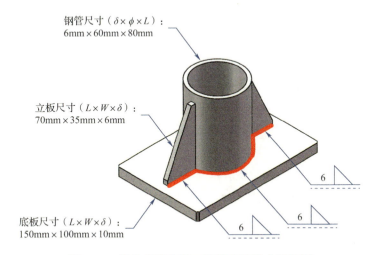

图 6-20　组合式碳素钢 T 形接头机器人平角焊

项目 7 大显身手，板-板 T 形接头机器人立角焊及其优化

在弧焊机器人作业过程中，熔池的几何形态和大小直接决定着焊缝成形质量。为避免立焊、横焊和全位置焊时熔池因重力而向下流淌，合理控制焊接电弧对母材和熔池的动态热作用，机器人焊枪摆动轨迹的控制至关重要。摆动轨迹是焊接机器人连续路径运动的体现，同时也是焊接机器人任务编程的常见运动轨迹之一。

本项目参照 1+X "焊接机器人编程与维护"国家职业技能等级要求，以 FANUC 焊接机器人为例，通过尝试板-板立角焊任务编程，掌握机器人摆动轨迹的示教要领，完成摆动焊接（以下简称摆焊）任务程序的编辑与调试。根据焊接机器人编程员的岗位工作内容，本项目共设置两项任务：一是板-板 T 形接头机器人立角焊任务编程；二是板-板 T 形接头机器人立角焊工艺优化。

学习目标

素养提升

1）致敬大国工匠，学习张冬伟热爱本职、敬业奉献、孜孜以求的工匠精神，坚定理想信念，树立职业信心，提高职业素养，依靠团队合作的力量在技术创新中创造佳绩。

2）培养学生分析和解决摆动轨迹机器人焊接问题的基本能力，为今后从事相关工作提供坚实的保障。

3）通过拓展阅读，结合教学实验和项目实施，将课堂教学内容服务实际项目，从而促进课堂学习，培养学生解决实际工程问题的能力。

知识学习

1）能够举例说明线状焊道和摆动焊道机器人运动轨迹示教的差异。
2）能够说明机器人焊枪摆动参数的配置原则。
3）能够使用机器人运动指令和焊接指令完成摆动焊道的任务编程。

技能训练

1）能够灵活使用示教盒调整和测试机器人立角焊的摆动轨迹及焊枪姿态。

2）能够熟练配置摆动焊道的机器人焊接条件。

3）能够根据焊接缺陷合理编辑机器人摆焊任务程序。

学习导图

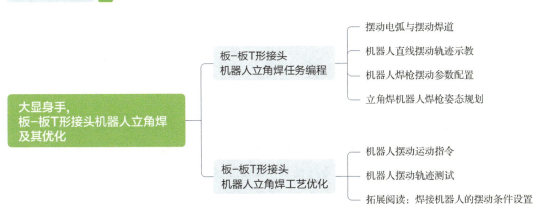

灯塔传承

张冬伟："焊"出天衣无缝

【人物档案】张冬伟，毕业于沪东造船职业技术学校，沪东中华造船（集团）有限公司高级焊接技师。他先后参与了110000t成品油轮系列超大型集装箱船、液化天然气（LNG）船、45000t集滚船等多种船型的建造，为建造世界一流舰船，擦亮"上海制造"名片做出了重要贡献，先后获得"全国技术能手""全国职工职业道德建设标兵个人""上海市劳模年度人物""船舶贡献奖"等称号。

LNG（液化天然气）体积仅为气态时的1/600。这样的大比例压缩特别适合于远洋运输，但对运输船的技术要求极高。建造一艘LNG运输船的难度堪比建造一艘航母。能够建造这种船的国家，世界上也没几个。2005年，中国才有了第一批16个掌握殷瓦钢内胆焊接技术的工人，张冬伟就是其中之一。如今，沪东中华造船厂正在同时建造十艘LNG船。最新一艘LNG船的内胆由3600片规则的和数万片不规则的殷瓦钢板焊接而成，全船殷瓦钢焊缝总长度可达到140km。其中有14km的繁难焊缝需要人工完成。张冬伟做到了在超薄钢板上用焊枪绣花，14km的繁难焊缝无一漏点。（扫描二维码）

张冬伟："焊"出天衣无缝

【青年寄语】 工作没有高低贵贱之分，一行有一行的魅力，一行有一行的值得。只要有对职业的爱心和恒心，在平凡的岗位上，也一样可以迸发出极致的美。

▸ 任务 7.1　板－板 T 形接头机器人立角焊任务编程

任务提出

在大型钢结构制造领域，由于无法灵活调整焊缝位置，因此板－板 T 形接头立角焊缝成为箱体等焊接结构的常见焊缝形式。根据热源（焊接电弧）移动方向不同，可将立角焊分为向上立角焊和向下立角焊两种。目前，向上立角焊在生产中的应用更为广泛。向上立角焊的热源自下而上运动，熔深较大，但熔池容易下淌，形成凸形角焊缝，采用摆动焊道利于改善焊缝成形；向下立角焊的热源自上而下运动，大多采用较快的焊接速度，熔深浅，适用于薄板和非重要结构的焊接，且需选择表面张力系数较大的向下立（角）焊专用焊接材料。

本任务要求使用富氩气体（如 Ar80%+$CO_2$20%）、直径为 1.2mm 的 ER50-6 实心焊丝和 FANUC 焊接机器人，完成厚度为 10mm 的板－板 T 形接头（材质均为 Q235，图 7-1）机器人向上立角焊作业，焊脚对称且尺寸为 6mm，焊缝饱满微凸，无咬边和气孔等焊接缺陷。

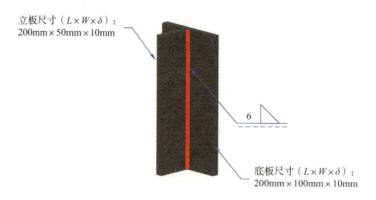

图 7-1　板－板 T 形接头立角焊示意

知识准备

7.1.1　摆动电弧与摆动焊道

对于电弧焊而言，焊接电弧是熔化母材和填充金属的重要热源，通常一次熔敷形成一条单道焊缝（焊道）。根据焊接过程中电弧或电极摆动与否，可以将焊道分为线状焊道和摆动焊道两类，如图7-2所示。线状焊道是指焊接时，电弧不摆动，呈线状前进所完成的窄焊道，如向下立（角）焊；摆动焊道是指焊接时，电弧做横向摆动所完成的焊道，如向上立（角）焊。显然，摆动焊道的焊缝更宽、余高更小、焊波美观，且通过调整摆动电弧在坡口两侧的停留时间，易于保证坡口侧壁的熔合质量。目前，摆动电弧或摆动焊道在非平（角）焊位置、焊脚尺寸为8～9mm、焊缝表面要求平整和焊接电弧跟踪等场合得到了广泛应用。

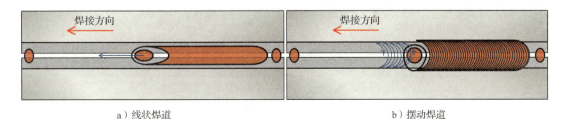

a）线状焊道　　　　　　　　　　　b）摆动焊道

图7-2　线状焊道与摆动焊道

7.1.2　机器人直线摆动轨迹示教

焊接机器人的直线摆动是以线性内插摆动方式对从运动起始点到目标点的TCP运动轨迹和焊枪姿态进行连续路径控制的一种运动形式。机器人完成直线焊缝的摆焊至少需要示教两个关键位置点（一个摆焊起始点和一个摆焊结束点），且摆焊起始点和摆焊结束点的动作类型（或插补方式）均为直线摆动，摆动振幅点的示教视机器人品牌而定。以图7-3所示的直线摆动轨迹为例，示教点P[2]～P[5]分别是直线摆动轨迹的临近点、起始点、结束点和回退点。其中，P[2]→P[3]为焊前区间段，P[3]→P[4]为焊接区间段，P[4]→P[5]为焊后区间段。以FANUC机器人为例，直线摆动轨迹的示教要领见表7-1，任务程序示例如图7-4所示。

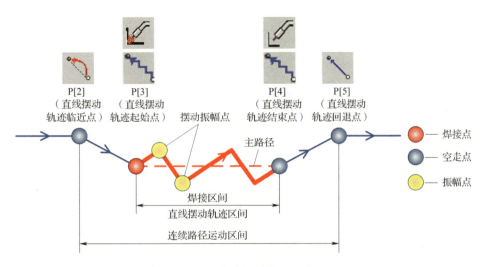

图7-3　直线摆动轨迹示意

表 7-1　FANUC 机器人直线摆动轨迹示教要领

序号	示教点	示教要领
1	P[2] 直线摆动轨迹 临近点 （焊接临近点）	1）点动机器人至直线摆动轨迹临近点 2）变更示教点的动作类型为 (J)，空走点 3）点按功能菜单（图标）栏的"点"，记忆示教点 P[2]
2	P[3] 直线摆动轨迹 起始点 （焊接起始点）	1）点动机器人至直线摆动轨迹起始点 2）变更示教点的动作类型为 (L)，焊接点 3）点按功能菜单（图标）栏的"WELD_ST"，记忆示教点 P[3] 4）翻页切换功能菜单，点按功能菜单（图标）栏的"指令" 5）选择弹出功能菜单"摆焊"，并根据摆动方式追加摆动指令，如 Weave Sine… 6）以调用摆动数据库（编号）或直接输入形式指定摆动参数
3	P[4] 直线摆动轨迹 结束点 （焊接结束点）	1）点动机器人至直线摆动轨迹结束点 2）变更示教点的动作类型为 (L)，空走点 3）点按功能菜单（图标）栏的"WELDEND"，记忆示教点 P[4] 4）翻页切换功能菜单，点按功能菜单（图标）栏的"指令" 5）选择弹出功能菜单"摆焊"，并追加摆动结束指令，如 Weave End
4	P[5] 直线摆动轨迹 回退点 （焊接回退点）	1）点动机器人至直线摆动轨迹回退点 2）变更示教点的动作类型为 (L)，空走点 3）点按功能菜单（图标）栏的"点"，记忆示教点 P[5]

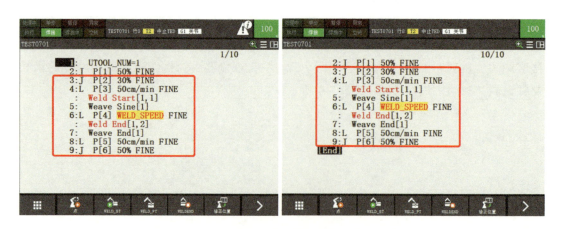

图 7-4　FANUC 机器人直线摆动轨迹任务程序示例

> » 直线摆动振幅点的示教数量视机器人品牌和摆动方式而定，一般为 2～4 个。例如，松下（Panasonic）焊接机器人采用锯齿形摆动完成图 7-3 所示的直线轨迹，需要增添两个振幅点（P004 和 P005），如图 7-5 所示。FANUC 焊接机器人通过摆动运动指令直接配置摆动振幅点与焊缝中心线的垂直距离，即摆动宽度，无须示教振幅点。

项目 7　大显身手，板-板 T 形接头机器人立角焊及其优化

```
Line Weave Teaching
0013  1:Mech1 : Robot
      Begin Of Program
0001  TOOL = 1 : TOOL01
0002  MOVEP  P001 ,20.00m/min,
0003  MOVEP  P002 ,20.00m/min,
0004  MOVELW P003 ,20.00m/min ,Ptn=1,F=0.5,
0005  ARC-SET AMP = 120    VOLT = 16.4   S =   0.50
0006  ARC-ON ArcStart1 PROCESS = 0
0007  WEAVEP  P004 ,20.00m/min ,T=0.0,
0008  WEAVEP  P005 ,20.00m/min ,T=0.0,
0009  MOVELW P006 ,20.00m/min ,Ptn=1,F=0.5,
0010  CRATER AMP = 100    VOLT = 16.2   T =  0.00
0011  ARC-OFF ArcEnd1 PROCESS = 0
0012  MOVEL  P007 ,20.00m/min,
0013  MOVEP  P008 ,20.00m/min,
      End Of Program
```

图 7-5　Panasonic 机器人直线摆动轨迹任务程序示例

》欲调用焊接数据库中的焊接速度参数，需同步记忆焊接开始点（运动指令）和焊接指令，如任务 3.2 所示方法（运动指令和焊接指令之间以 ":" 分隔），且将运动指令的第三要素（运动速度）变更为 "WELD_SPEED"。

7.1.3　机器人焊枪摆动参数配置

如上所述，弧焊机器人的焊缝质量控制关键在于焊接电弧和熔池，摆动焊道自然也不例外。针对不同的焊接位置和接头形式，机器人焊枪的摆动参数配置既要符合焊接机器人本体的运动特性，又要满足一定条件下的焊接电弧和熔池控制要求，才能获得质量优良的摆动焊道。归纳起来，通常弧焊机器人焊枪的关键摆动参数主要包括摆动方式、摆动频率、摆动宽度和左（右）停留时间等。表 7-2 列出的是 FANUC 机器人焊枪关键摆动参数的配置说明。不同品牌的机器人摆动参数的配置略有差异，但基本逻辑是相同的。

机器人圆弧摆动轨迹示教

表 7-2　FANUC 机器人焊枪关键摆动参数的配置说明

摆动参数		参数配置说明	摆动示例
摆动方式	正弦形摆动	机器人焊枪在振幅点之间一边以 "Z" 字路径横向往返摆动，一边沿着焊缝长度方向纵向行进，是弧焊机器人的默认摆动方式，可以与电弧传感和多层焊功能组合使用，适用于对接接头以及角接接头填充焊	

— 183 —

（续）

摆动参数		参数配置说明	摆动示例
摆动方式	L形摆动	机器人焊枪在振幅点之间一边以"L"形路径横向往返摆动，一边沿着焊缝长度方向纵向行进，适用于角接接头打底层焊接	
	圆形摆动	机器人焊枪在振幅点之间一边以"圆形"路径横向往返摆动，一边沿着焊缝长度方向纵向行进，适用于搭接接头以及对接接头和角接接头盖面层焊接	
	八字形摆动	机器人焊枪在振幅点之间一边以"八"字形路径横向往返摆动，一边沿着焊缝长度方向纵向行进，适用于厚板对接接头焊接	
摆动频率		机器人焊枪每秒摆动的次数，单位是Hz。摆动频率越高，机器人焊枪摆动速度越快，建议将摆动频率控制在0.1～2.0Hz范围内	
摆动宽度		机器人焊枪横向摆动振幅点与焊缝中心线的垂直距离，单位是mm。根据焊缝宽度及坡口大小调节摆动宽度，距离坡口侧壁一倍焊丝直径，建议将摆动宽度控制在1～10mm范围内	

（续）

摆动参数	参数配置说明	摆动示例
左（右）停留时间	机器人焊枪横向摆动到左（右）振幅点后的停留时间，单位是s。根据焊缝表面成形及两侧是否圆滑过渡调节左（右）停留时间，建议将振幅点停留时间控制在 0～0.5s 范围内	

> » 以上四种摆动方式是 FANUC 焊接机器人低速摆动（摆动频率低于 5Hz）运动控制的标准配置。不同品牌的焊接机器人摆动功能配置有所差异。
> » 针对某些特殊焊接应用场景，编程员可选择高速摆动或自定义摆动方式，此部分内容可参见机器人控制器操作说明书，如 FANUC 机器人弧焊功能操作说明书。
> » 当摆动方式为圆形摆动和八字形摆动时，左（右）停留时间参数配置无效。

综合而言，FANUC 机器人焊枪的摆动参数配置主要涉及以下方面：在摆焊起始点处设置摆动方式，即以 Weave 指令形式指定；在摆动数据库中设置摆动频率、摆动宽度和左（右）停留时间，并通过 Weave 指令调用，或者是在摆动运动指令中直接指定摆动频率、摆动宽度和左（右）停留时间；在焊接数据库中设置主路径运动速度，并通过摆焊结束点处 WELD_SPEED 指令调用。表 7-3 列出了 FANUC 机器人焊枪的摆动参数配置方法。

表 7-3 FANUC 机器人焊枪的摆动参数配置方法

序号	摆动参数	示教点	配置方法
1	摆动方式	摆焊起始点	1）在手动模式下，移动光标至摆焊起始点所在指令语句行的下一行，即移动光标至摆动开始指令处 2）按需翻页切换功能菜单，依次选择功能菜单（图标）栏的"指令"→"摆焊"，弹出摆焊菜单 3）根据接头形式和焊接层数等信息，选择合适的摆动方式
2	摆动频率	摆焊起始点	方法一：调用摆动数据库（编号） 1）在手动模式下，移动光标至摆动开始指令参数处 2）使用【数字键】输入摆焊参数调用编号，按 ENTER【回车键】确认 3）依次选择主菜单【数据】→【摆焊设定】，弹出摆动数据库一览界面 4）移动光标至步骤2）输入的摆焊参数调用编号所对应的摆动频率，使用【数字键】输入摆动频率数值，如图 7-6a 所示 5）按 ENTER【回车键】保存摆动频率变更

（续）

序号	摆动参数	示教点	配置方法
2	摆动频率	摆焊起始点	方法二：直接输入摆动频率 1）在手动模式下，移动光标至摆动开始指令参数处 2）选择功能菜单（图标）栏的"数值"，变更摆动运动指令参数配置形式为直接输入 3）移动光标至摆动开始指令第一个参数，使用【数字键】输入摆动频率数值，按 ENTER【回车键】保存摆动频率变更
3	摆动宽度	摆焊起始点	方法一：调用摆动数据库（编号） 1）在手动模式下，移动光标至摆动开始指令参数处 2）使用【数字键】输入摆焊参数调用编号，按 ENTER【回车键】确认 3）依次选择主菜单【数据】→【摆焊设定】，弹出摆动数据库一览界面 4）移动光标至步骤2）输入的摆焊参数调用编号所对应的摆动宽度，使用【数字键】输入摆动宽度数值，如图 7-6a 所示 5）按 ENTER【回车键】保存摆动宽度变更 方法二：直接输入摆动宽度 1）在手动模式下，移动光标至摆动开始指令参数处 2）选择功能菜单（图标）栏的"数值"，变更摆动运动指令参数配置形式为直接输入 3）移动光标至摆动开始指令第二个参数，使用【数字键】输入摆动宽度数值，按 ENTER【回车键】保存摆动宽度变更
4	左（右）停留时间	摆焊起始点	方法一：调用摆动数据库（编号） 1）在手动模式下，移动光标至摆动开始指令参数处 2）使用【数字键】输入摆焊参数调用编号，按 ENTER【回车键】确认 3）依次选择主菜单【数据】→【摆焊设定】，弹出摆动数据库一览界面 4）移动光标至步骤2）输入的摆焊参数调用编号所对应的左（右）停留时间，使用【数字键】输入振幅点停留时间数值，如图 7-6a 所示 5）按 ENTER【回车键】保存左（右）停留时间变更 方法二：直接输入左（右）停留时间 1）在手动模式下，移动光标至摆动开始指令参数处 2）选择功能菜单（图标）栏的"数值"，变更摆动运动指令参数配置形式为直接输入 3）移动光标至摆动开始指令第三个或第四个参数，使用【数字键】输入左（右）停留时间数值，按 ENTER【回车键】保存左（右）停留时间变更

项目 7 大显身手，板-板 T 形接头机器人立角焊及其优化

（续）

序号	摆动参数	示教点	配置方法
5	主路径运动速度	摆焊结束点	1）参考项目 5 中焊接开始规范配置方法，预设焊接速度参数 2）在手动模式下，移动光标至摆焊结束点所在指令语句的 WELD_SPEED 指令处 3）同时按下 【i 键】+ 【辅助菜单】组合键，显示弹出菜单，依次选择"相关视图"→"焊接程序"，弹出焊接数据库一览界面多画面模式，移动光标至焊接速度，使用【数字键】输入主路径运动速度数值，如图 7-6b 所示 4）按 ENTER【回车键】保存主路径运动速度变更

a) 摆动频率、宽度和停留时间　　　　　　b) 主路径运动速度

图 7-6　FANUC 机器人焊枪摆动参数配置界面

7.1.4　立角焊机器人焊枪姿态规划

与平（角）焊、船形焊等位置相似，机器人立角焊时除携带焊枪在工作空间内完成横向摆动外，还有一项重要任务是末端执行器姿态（焊枪指向）的调整，尤其当熔池向下流淌趋势明显时。针对（I 形坡口）T 形接头角焊缝，机器人向上立角焊宜采用短弧焊接、较小的焊接电流，焊枪行进角 $\alpha=60°\sim 80°$、工作角 $\beta=45°$；向下立角焊宜采用线性焊道，辅以合适的焊接电流，借助电弧力托起熔池，焊枪行进角 $\alpha=50°\sim 60°$、工作角 $\beta=45°$，如图 7-7 和图 7-8 所示。当机器人焊枪姿态规划不合理时，立角焊过程中易产生未熔合和未焊透等缺陷。

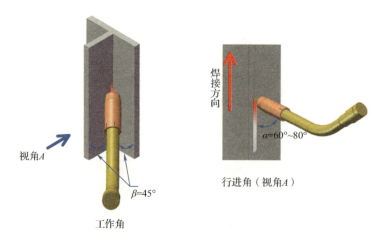

图 7-7 机器人向上立角焊焊枪姿态示意

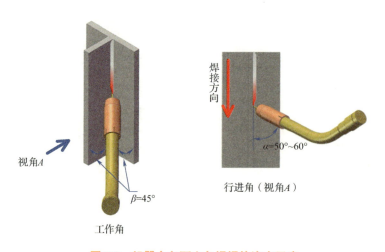

图 7-8 机器人向下立角焊焊枪姿态示意

> » 板－板对接焊缝机器人立角焊位置的工作角与平焊时的相同，工作角 $\beta=90°$。
> » 当实际调整机器人焊枪姿态时，为精准调控机器人焊枪指向（TCP 姿态），编程员可以点按 |POSN|【位置键】，选择功能菜单（图标）栏的"用户"或"世界"，以"直角"形式实时查看机器人 TCP 的当前位姿。

任务分析

为降低熔池液态金属的下淌趋势，机器人焊枪需要同时沿着焊缝长度方向和焊缝宽度方向运动，从而使板－板 T 形接头机器人立角焊作业的示教较为复杂一些。使用机器人完成板厚为 10mm 的碳素钢试板 T 形接头角焊缝的向上立角焊至少需要示教五个目标位置点，其运动路径和焊枪姿态规划如图 7-9 所示。各示教点用途参见表 7-4。

在实际示教时，可以按照图 3-15 所示的流程进行示教编程。

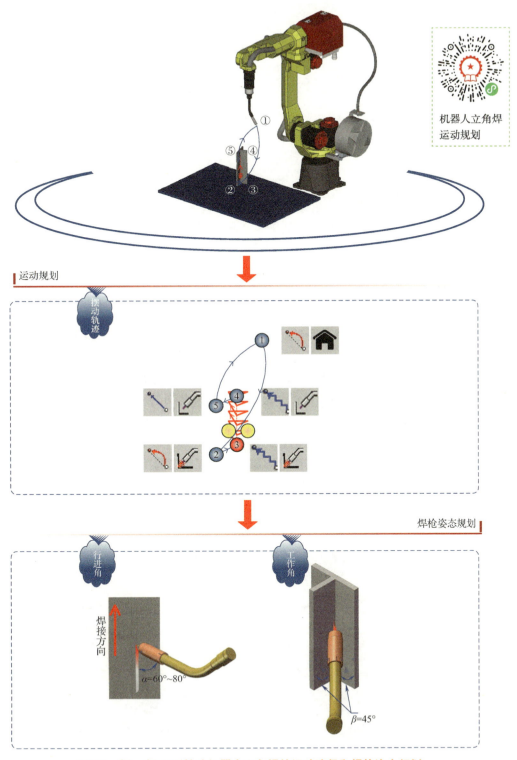

图 7-9　板－板 T 形接头机器人立角焊的运动路径和焊枪姿态规划

表 7-4　板-板 T 形接头机器人立角焊任务的示教点

示教点	备注	示教点	备注	示教点	备注
①	原点（HOME）	③	摆焊起始点	⑤	摆焊回退点
②	摆焊临近点	④	摆焊结束点	—	—

任务实施

（1）示教前的准备　开始示教前，需做如下准备：

1）工件表面清理。核对试板尺寸后，将待焊区附近的表面铁锈和油污等杂质清理干净。

2）接头组对点固。使用手工电弧焊（如氩弧焊）沿底板两端头的侧面将组对好的板-板 T 形接头定位焊点固，注意保证立板的垂直度。

3）工件装夹与固定。选择合适的夹具，将组对好的试件固定在焊接工作台上。

4）机器人原点确认。执行机器人控制器内存储的原点程序，让机器人返回原点（如 J5=-90°、J1=J2=J3=J4=J6=0°）。

5）机器人坐标系设置。参照项目 4 设置焊接机器人工具坐标系和工件（用户）坐标系编号。

6）新建任务程序。参照项目 3 创建一个文件名为"WEAVE_BEAD"的焊接程序文件。

板-板 T 形接头机器人立角焊的运动轨迹示教步骤

（2）运动轨迹示教　针对图 7-9 所示的机器人运动路径和焊枪姿态规划，点动机器人依次通过机器人原点 P[1]、摆焊临近点 P[2]、摆焊起始点 P[3]、摆焊结束点 P[4] 和摆焊回退点 P[5] 等五个目标位置点，并记忆示教点的位姿信息，如图 7-10～图 7-13 所示。其中，机器人原点 P[1] 应设置在远离作业对象（待焊工件）的可动区域的安全位置；摆焊临近点 P[2] 和摆焊回退点 P[5] 应设置在临近焊接作业区间且便于调整焊枪姿态的安全位置。具体示教步骤请扫描二维码查阅。编制完成的任务程序见表 7-5。

机器人立角焊任务编程

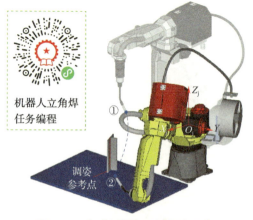

图 7-10　点动机器人至摆焊临近点 P[2]

图 7-11　点动机器人至摆焊起始点 P[3]

项目 7　大显身手，板-板 T 形接头机器人立角焊及其优化

图 7-12　点动机器人至摆焊结束点 P[4]　　　图 7-13　点动机器人至摆焊回退点 P[5]

表 7-5　板-板 T 形接头机器人立角焊的任务程序

行号码	指令语句	备注
1:	UTOOL_NUM = 1	工具坐标系（焊枪）选择
2:	J　P[1]　80%　FINE	机器人原点（HOME）
3:	J　P[2]　30%　FINE	摆焊临近点
4:	L　P[3]　50cm/min　FINE	摆焊起始点
:	Weld Start [1, 1]	焊接开始规范和动作次序
5:	Weave L[1]	摆焊开始
6:	L　P[4]　WELD_SPEED　FINE	摆焊结束点
:	Weld End[1, 2]	焊接结束规范和动作次序
7:	Weave End	摆焊结束
8:	L　P[5]　50cm/min　FINE	摆焊回退点
9:	J　P[1]　80%　FINE	机器人原点（HOME）
[End]		程序结束

注：机器人摆焊条件和动作次序均通过调用焊接数据库等方法予以配置。

（3）摆焊条件和动作次序示教　根据任务要求，实现板厚为 10mm 的碳素钢 T 形接头机器人向上立角焊作业需要配置摆动方式、摆动频率、摆动宽度和左（右）停留时间等摆动参数，以及摆焊开始规范、保护气体流量、摆焊结束规范等焊接条件和焊接开始、结束动作次序，见表 7-6。

表 7-6　FANUC 机器人立角焊的摆焊条件和动作次序示教

序号	摆焊参数	编程指令	示教方法
1	焊接开始动作次序	Weld Start	1）在手动模式下，移动光标至摆焊起始点 P[3] 指令语句所在行，设置焊接开始动作次序，选择编号为 1 的焊接数据库 2）机器人焊接开始动作次序的变更方法可以参考项目 5 中 5.1.3 机器人焊接动作次序示教

— 191 —

（续）

序号	摆焊参数	编程指令	示教方法
2	摆焊开始规范	Weld Start	1）在手动模式下，移动光标至摆焊起始点 P[3] 指令语句所在行，设置焊接电流和电弧电压等摆焊开始规范，选择 1# 数据库中编号为 1 的工艺规范 2）机器人摆焊开始规范的变更方法可以参考项目 5 中 5.1.2 机器人焊接条件示教，建议焊接电流为 120～130A、电弧电压 22.0～23.0V、焊接速度 0.10～0.15m/min
3	摆动方式	Weave	1）在手动模式下，移动光标至摆动开始指令语句所在行，设置机器人焊枪摆动方式，选择 L 形摆动 2）机器人焊枪摆动方式的变更方法可以参考本项目 7.1.4 机器人焊枪摆动参数配置
4	摆动频率	Weave	1）在手动模式下，移动光标至摆动开始指令语句所在行，设置机器人焊枪摆动频率，建议摆动频率为 0.5～1.0Hz 2）机器人焊枪摆动频率的变更方法可以参考本项目 7.1.4 机器人焊枪摆动参数配置
5	摆动宽度	Weave	1）在手动模式下，移动光标至摆动开始指令语句所在行，设置机器人焊枪摆动宽度，建议摆动宽度为 3.5～6.0mm 2）机器人焊枪摆动宽度的变更方法可以参考本项目 7.1.4 机器人焊枪摆动参数配置
6	左（右）停留时间	Weave	1）在手动模式下，移动光标至摆动开始指令语句所在行，设置机器人焊枪摆动振幅点停留时间，建议左（右）停留时间为 0.1～0.3s 2）机器人焊枪摆动振幅点停留时间的变更方法可以参考本项目 7.1.4 机器人焊枪摆动参数配置
7	主路径运动速度	WELD_SPEED	1）在手动模式下，移动光标至摆焊结束点 P[4] 指令语句所在行，设置机器人焊枪主路径运动速度，建议主路径运动速度为 0.10～0.15m/min 2）机器人焊枪主路径运动速度的变更方法可以参考本项目 7.1.4 机器人焊枪摆动参数配置
8	焊接结束动作次序	Weld End	1）在手动模式下，移动光标至摆焊结束点 P[4] 指令语句所在行，设置焊接结束动作次序，选择编号为 1 的焊接数据库 2）机器人焊接结束动作次序的变更方法可以参考项目 5 中 5.1.3 机器人焊接动作次序示教
9	摆焊结束规范	Weld End	1）在手动模式下，移动光标至摆焊结束点 P[4] 指令语句所在行，设置收弧电流、收弧电压和弧坑处理时间等摆焊结束规范，选择 1# 数据库中编号为 2 的工艺规范 2）机器人摆焊结束规范的变更方法可以参考项目 5 中 5.1.2 机器人焊接条件示教，建议收弧电流为焊接电流的 60%～80%，弧坑处理时间为 0.5～1.0s
10	保护气体流量	—	1）本任务选用直径为 1.2mm 的 ER50-6 实心焊丝，较为合理的焊丝干伸长度为 12～15mm，建议富氩保护气体（Ar80%+$CO_2$20%）流量为 15～20L/min 2）保护气体流量的变更方法可以参考项目 5 中 5.1.2 机器人焊接条件示教

项目7 大显身手，板-板T形接头机器人立角焊及其优化

> » 开始任务示教前，编程员可以依次单击主菜单【数据】→【焊接程序】【摆焊设定】，查看和配置FANUC机器人摆焊作业条件和焊接动作次序。

（4）程序验证与再现施焊　参照项目5中表5-5所示的FANUC机器人任务程序验证方法，依次通过单步程序验证和连续测试运转，确认机器人TCP运动轨迹的合理性和精确度。待任务程序验证无误后，方可再现施焊。通过RSR（机器人启动请求）远程方式自动运转机器人任务程序的步骤如下：

1）中止执行中的程序。在手动模式下，点按 [FCTN]【辅助菜单】键，选择【中止程序】。

2）加载任务主程序。使用 [SELECT]【一览键】和【方向键】选择并加载"RSR0001"程序。

3）调用任务子程序。移动光标至CALL指令参数处，选择界面功能菜单（图标）栏的"选择"，变更调用任务程序为WEAVE_BEAD。

4）启用焊接引弧功能。点按 [SHIFT]【上档键】+ [WELD ENBL]【引弧键】组合键，界面左上角的状态栏指示灯 [焊接]（灯亮），表明焊接引弧功能启用。

5）调整速度倍率。点按 [+%]【倍率键】，切换机器人运动速度的倍率档位至100%。

6）示教盒置无效状态。切换示教盒【使能键】至"OFF"位置（无效）。

7）选择自动模式。切换机器人控制器操作面板的【模式旋钮】至"AUTO"位置（自动模式）。

8）自动运转程序。点按焊接机器人系统外部集中控制盒上的【启动按钮】，自动运转执行任务程序，机器人开始焊接，如图7-14所示。

a）焊接过程　　　　b）焊缝成形

图7-14　板-板T形接头机器人立角焊

🎯 任务评价

本任务要求使用机器人完成板－板T形接头向上立角焊，焊脚对称且尺寸为6mm，焊缝饱满微凸，无咬边和气孔等焊接缺陷。待焊接结束、试板冷却至室温后，通过目视进行焊缝外观检查，然后使用钢直尺、游标卡尺和焊缝检验尺等测量工具，记录及评价机器人立角焊质量，见表7-7。同时，为培养良好的职业素养，对任务实施过程中学生的操作规范性和安全文明生产等进行考核。

表7-7 板－板T形接头机器人立角焊试件外观评分标准

检查项目	标准分数	焊缝等级				得分
		I	II	III	IV	
焊脚 K_1	标准/mm	≥6，≤7	>7，≤8	>8，≤9	<6，>9	
	分数	20	14	8	0	
焊脚 K_2	标准/mm	≥6，≤7	>7，≤8	>8，≤9	<6，>9	
	分数	20	14	8	0	
焊脚差 ΔK	标准/mm	≤0.5	>0.5，≤1	>1，≤1.5	>1.5	
	分数	10	7	4	0	
焊缝凹凸度	标准/mm	>0，≤0.5	>0.5，≤1	>1，≤1.5	>1.5	
	分数	10	7	4	0	
咬边	标准/mm	0	深度≤0.5 且长度≤10	深度≤0.5 长度>10，≤15	深度>0.5 或深度≤0.5，长度>15	
	分数	20	14	8	0	
表面气孔	标准（气孔直径≥0.5mm）	无	1个	2个	>2个	
	分数	20	7	4	0	

注：1. 表面气孔等缺陷检查采用5倍放大镜。
　　2. 表面有裂纹、未熔合和焊瘤等缺陷之一的，该试件外观为0分。
　　3. 职业素养评分采取倒扣分形式：劳保穿戴不符合要求扣5分；安全操作不符合要求扣5分；文明生产不符合要求扣5分。

📊 任务拓展

» 针对板－板对接接头，为实现机器人立角焊，应选择何种摆动方式较为合适？

_____
_____
_____

项目 7　大显身手，板-板 T 形接头机器人立角焊及其优化

任务 7.2　板-板 T 形接头机器人立角焊工艺优化

任务提出

立（角）焊时，若熔池温度过高，则液态金属易下淌形成焊瘤，导致焊缝（焊道）表面不平整，多层焊会产生未熔合和夹渣等缺陷。当利用机器人实现向上立角焊时，机器人焊枪的摆动方式、摆动宽度、摆动频率、左（右）停留时间以及焊接电流等关键摆焊参数的调控主要是以角焊缝的成形质量（如焊脚尺寸、熔深等）为依据。

本任务针对上一任务——板-板 T 形接头机器人立角焊，焊缝饱满微凸，焊脚对称且尺寸为 6mm，无咬边和气孔等焊接质量要求，调整优化机器人焊枪摆动参数和焊接电流等作业条件，旨在加深机器人摆焊关键参数对 T 形接头角焊缝成形质量影响规律的理解。

知识准备

7.2.1　机器人摆动运动指令

摆动运动指令是指定机器人何时、如何进行摆动的指令，包含摆动开始指令（如 Weave Sine、Weave Circle、Weave Figure 等）和摆动结束指令（Weave End）。在执行摆动开始指令和摆动结束指令之间所示教的运动指令语句序列，机器人执行摆动动作。以图 7-4 所示任务程序为例，指令位置 P[3] 为摆焊起始点、P[4] 为摆焊结束点，第四至七行程序指令语句序列的功能是：机器人携带焊枪采用 Weld Start 指令指定的焊接开始规范，从指令位置 P[3] 成功引弧后，按照 Weave Sine 指令配置的摆动参数线性摆动移向目标点 P[4]，并在此位置点减速收弧停止，收弧规范由 Weld End 指令指定。机器人摆动运动指令的功能见表 7-8。

表 7-8　机器人摆动运动指令的功能

序号	摆动运动指令	指令功能	FANUC 机器人指令示例

1	摆动开始指令	指定机器人按照预设的摆动参数执行摆动动作。其中，摆动参数的配置有两种指令格式：一是调用摆动数据库（编号）；二是直接输入摆动参数	1）调用摆动数据库（编号）
			Weave Sine [1]
			// 按照编号为 1 的摆动数据库中预设的摆动参数，执行机器人正弦形摆动
			2）直接输入摆动参数
			Weave Sine[1.0, 1.5, 0.2, 0.2]
			// 按照摆动频率为 1.0Hz，摆动宽度为 1.5mm，左（右）停留时间 0.2s 的预设摆动参数，执行机器人正弦形摆动

2	摆动结束指令	终止机器人执行摆动动作	Weave End // 机器人终止执行摆动动作

-195-

> » 一旦根据摆动开始指令执行摆动动作后，直至执行摆动结束指令为止，机器人将一直保持摆动动作。
> » 摆动动作是与焊接指令的有无、焊接引弧功能有效/无效的状态无关的动作。当与焊接指令同时示教时，示教的顺序可以是焊接指令→摆动运动指令，也可以是摆动运动指令→焊接指令。

与直线、圆弧运动指令比较，机器人直线摆动、圆弧摆动指令除包含动作类型、位置坐标、运动速度、定位方式和附加选项等要素外，还包括摆动方式、摆动频率、摆动宽度和左（右）停留时间。编程员可以通过编辑直线（圆弧）摆动指令的要素来调控机器人摆动轨迹。表 7-9 列出了 FANUC 机器人直线（圆弧）运动指令与直线（圆弧）摆动指令要素的差异性。

表 7-9　FANUC 机器人直线（圆弧）运动指令与直线（圆弧）摆动指令要素的差异性

指令要素	运动指令			
	直线动作（L）	直线摆动（L+Weave）	圆弧动作（A）	圆弧摆动（A+Weave）
动作类型	仅记忆线性运动目标结束点，即一条直线动作指令		连续记忆圆弧运动起始点、中间点和结束点，即三条连续圆弧动作指令	
位置坐标	通常仅机器人 TCP 空间位置发生改变，运动过程中空间指向保持不变		机器人 TCP 的空间位置和空间指向在运动过程中均动态变化	
运动速度	线性路径上机器人 TCP 以匀速运动为主		弧形路径上机器人 TCP 以匀速运动为主	
定位方式	焊接起始点、中间点和结束点为精确定位（FINE），其他辅助过度点为平滑过渡（CNT）		平滑过渡（CNT），平滑等级默认为 100，即匀速经过指令位姿	
摆动方式	—	机器人焊枪在振幅点之间横向往返摆动的路径形式	—	机器人焊枪在振幅点之间横向往返摆动的路径形式
摆动频率	—	机器人焊枪在振幅点之间每秒横向往返摆动的次数	—	机器人焊枪在振幅点之间每秒横向往返摆动的次数
摆动宽度	—	机器人焊枪在振幅点之间每秒横向往返摆动的宽度	—	机器人焊枪在振幅点之间每秒横向往返摆动的宽度
左（右）停留时间	—	机器人焊枪每次摆动至振幅点的停留时间	—	机器人焊枪每次摆动至振幅点的停留时间

此外，T 形接头机器人立角焊的焊接条件优化重点是焊接电流、电弧电压和焊接速度之间的匹配度，以及三者与摆动参数之间的适配性。编程员可以通过编辑焊接开始规范指令语句等变更上述焊接条件，如 FANUC 焊接机器人的 Weld Start、WELD_SPEED、Weld End 和 Weave 指令。关于机器人摆焊条件的编辑详见表 7-6，此处不赘述。

7.2.2 机器人摆动轨迹测试

待机器人运动轨迹、摆焊条件和动作次序示教完毕,编程员通常需要正向与反向逐条执行指令及连续测试运转指令序列验证任务程序,以此确认机器人 TCP 的摆动轨迹。值得注意的是,摆动轨迹区间的正向和反向单步程序验证动作有所不同,而且视机器人品牌略有不同。正向单步程序验证时,机器人在摆动轨迹区间内一边沿着焊缝宽度方向横向摆动、一边沿着焊缝长度方向线性前移,此方法比较适合摆动参数合理性的确认。反之,反向单步程序验证时,机器人在摆动轨迹区间内仅按照(示教)指令路径的反方向运动,即从摆动结束点直接线性移向摆动起始点,此方法比较适合摆动轨迹的修正,如图 7-15 所示。

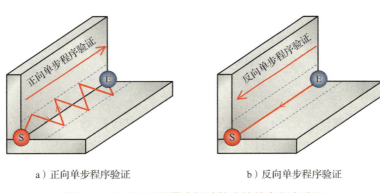

图 7-15　FANUC 机器人摆动轨迹的单步程序验证

» 当正向单步程序验证和测试运转时,机器人执行摆动动作;执行过程中暂停后继续正向验证程序,机器人摆动动作接续执行;但执行过程中暂停后执行反向单步程序验证,再正向单步程序验证时,机器人不会执行摆动动作。

» 当反向单步程序验证时,机器人摆动轨迹区间的运动视机器人品牌而定。除了上文从摆动结束点直接线性移向摆动起始点外,一些品牌(如 Panasonic)的机器人反向单步验证摆动轨迹区间,将从摆动结束点经由摆动振幅点,移向摆动起始点,比较适合摆动宽度的变更,如图 7-16 所示。

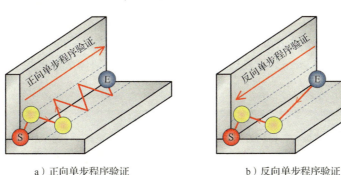

图 7-16　Panasonic 机器人摆动轨迹的单步程序验证

🔷 任务分析

由表 7-6 不难看出，机器人摆焊参数调控包括摆动方式、摆动宽度、左（右）停留时间、摆动频率、焊接电流、电弧电压、焊接速度（主路径运动速度）、保护气体流量、收弧电流和弧坑处理时间等十几个因素，且各参数间相互关联影响，使得摆焊工艺质量控制较为复杂。通常编程员需要反复编辑、优化机器人摆焊任务程序（如摆动轨迹、焊接条件等），方能满足机器人立角焊接头的质量要求。

实现板-板T形接头机器人向上立角焊，要求焊缝饱满微凸、焊脚对称、尺寸 6mm、无咬边、气孔等表面缺陷，焊缝成形质量要求较高。综合图 7-14 和表 7-6 分析来看，由于摆动宽度、左（右）停留时间等摆动参数与焊接电流、焊接速度（主路径运动速度）之间的匹配度不好，导致熔池温度过高、焊缝隆起明显、焊脚尺寸偏大。此任务将重点从机器人焊枪摆动宽度、左（右）停留时间、焊接速度和焊接电流四方面入手，逐一调整摆焊参数，直至焊缝成形质量达标。

🔷 任务实施

（1）示教前的准备　开始任务程序编辑前，请做如下准备：

1）工件换装清理。更换新的试板，将其表面铁锈和油污等杂质清理干净。

2）工件组对点固。使用手工电弧焊（如氩弧焊）将新的T形接头待焊试件组对定位焊点固。

3）工件装夹与固定。选择合适的夹具将新的板-板T形接头固定在焊接工作台上。

4）示教模式确认。切换机器人控制器操作面板【模式旋钮】至"T1"或"T2"位置，选择手动模式。

5）加载任务程序。使用 [SELECT]【一览键】和【方向键】选择并加载任务 7.1 中创建的 "WEAVE_BEAD" 程序。

（2）任务程序编辑　为获得成形美观、表面微凸的角焊缝，在摆焊过程中可以适度降低焊接电流、增加焊接速度或左（右）停留时间；为获得尺寸稍小的焊脚尺寸，可以适度减小机器人焊枪的摆动宽度。当单因素改变机器人焊枪摆动宽度、左（右）停留时间、焊接速度和焊接电流时，均可参照图 3-15 所示的示教流程测试验证程序和再现施焊。具体的焊接接头质量优化实施过程详见表 7-10。综合优化后的角焊缝饱满微凸，焊脚对称且尺寸为 6.7～6.9mm，无咬边和气孔等表面缺陷，整体成形效果如图 7-17 所示。

表7-10　板-板T形接头机器人立角焊任务程序编辑步骤

编辑类别	编辑步骤
摆动宽度调整	1）依次选择主菜单【数据】→【摆焊设定】，弹出摆动数据库一览界面 2）移动光标至任务程序指令调用编号所对应的摆动宽度处，使用【数字键】适度增加摆动宽度，如 4.0～6.0mm 3）点按 [ENTER]【回车键】，保存摆动宽度调整

项目 7　大显身手，板-板 T 形接头机器人立角焊及其优化

（续）

编辑类别	编辑步骤
左（右）停留时间修改	1）依次选择主菜单【数据】→【摆焊设定】，弹出摆动数据库一览界面 2）移动光标至任务程序指令调用编号所对应的左（右）振幅点停留时间处，使用【数字键】适度增加振幅点停留时间，如 0.2～0.5s 3）点按 ENTER【回车键】，结束左（右）振幅点停留时间修改
焊接速度变更	1）移动光标位置。在手动模式下，使用【方向键】移动光标至 WELD_SPEED 指令处 2）打开焊接数据库界面。同时按下 *i*【*i* 键】+ FCTN【辅助菜单】组合键，显示弹出菜单，依次选择"相关视图"→"焊接程序"，弹出焊接数据库一览界面多画面模式，移动光标并适度增加焊接速度（如 16～20cm/min），按 ENTER【回车键】确认 3）关闭焊接数据库界面。确认参数无误后，按下 SHIFT【上档键】+ DISP【分屏键】组合键，选择弹出菜单"单画面"选项，保存焊接速度变更
焊接电流微调	1）移动光标位置。在手动模式下，使用【方向键】移动光标至 Weld Start 指令的第二个参数处 2）打开焊接数据库界面。同时按下 *i*【*i* 键】+ FCTN【辅助菜单】组合键，显示弹出菜单，依次选择"相关视图"→"焊接程序"，弹出焊接数据库一览界面多画面模式，移动光标并适度降低焊接电流（如 110～120A），按 ENTER【回车键】确认 3）关闭焊接数据库界面。确认参数无误后，按下 SHIFT【上档键】+ DISP【分屏键】组合键，选择弹出菜单"单画面"选项，结束焊接电流微调

注：摆动宽度、焊接电流和焊接速度等摆焊条件通过调用焊接数据库及摆动数据库方法予以配置。

图 7-17　板-板 T 形接头机器人立角焊成形效果

» 为提高机器人焊接生产率，编程员可以根据现场环境适度优化运动指令参数，如摆焊临近点"J　P[2]　30%　CNT30"。

🎯 任务评价

本任务针对板-板T形接头机器人立角焊进行工艺优化。待焊接结束、试板冷却至室温后，通过目视进行焊缝外观检查，然后使用钢直尺、游标卡尺和焊缝检验尺等测量工具，记录及评价机器人立角焊质量，见表7-11。同时，为培养良好的职业素养，对任务实施过程中学生的操作规范性和安全文明生产等进行考核。

表7-11　板-板T形接头机器人立角焊试件外观评分标准

检查项目	标准分数	焊缝等级				得分
		I	II	III	IV	
焊脚 K_1	标准/mm	≥6，≤7	>7，≤8	>8，≤9	<6，>9	
	分数	20	14	8	0	
焊脚 K_2	标准/mm	≥6，≤7	>7，≤8	>8，≤9	<6，>9	
	分数	20	14	8	0	
焊脚差 ΔK	标准/mm	≤0.5	>0.5，≤1	>1，≤1.5	>1.5	
	分数	10	7	4	0	
焊缝凹凸度	标准/mm	>0，≤0.5	>0.5，≤1	>1，≤1.5	>1.5	
	分数	10	7	4	0	
咬边	标准/mm	0	深度≤0.5且长度≤10	深度≤0.5长度>10，≤15	深度>0.5或深度≤0.5，长度>15	
	分数	20	14	8	0	
表面气孔	标准（气孔直径≥0.5mm）	无	1个	2个	>2个	
	分数	20	7	4	0	

注：1. 表面气孔等缺陷检查采用5倍放大镜。
　　2. 表面有裂纹、未熔合和焊瘤等缺陷之一的，该试件外观为0分。
　　3. 职业素养评分采取倒扣分形式：劳保穿戴不符合要求扣5分；安全操作不符合要求扣5分；文明生产不符合要求扣5分。

📊 任务拓展

》针对薄壁结构件，为实现向下立角焊（或下坡焊），应如何调整机器人焊枪姿态和焊接参数？

拓展阅读

焊接机器人的摆动条件设置

前文对机器人焊枪的摆动方式、摆动频率、摆动宽度和左（右）停留时间等关键摆焊参数做了较为详细的阐述。在实际摆焊过程中，机器人系统是如何确定焊枪摆动的仰角和方位角的？摆动振幅点的机器人停留延迟类型，是横向摆动动作停止，还是横向摆动和径向运动完全停止？编程员可以依次选择主菜单【设置】→【摆焊】，在摆动条件设置一览界面中进行摆焊通用项的配置。（扫描二维码）

焊接机器人的摆动条件设置

知识测评

一、填空题

1. 根据热源（焊接电弧）移动方向不同，立角焊可以分为_____和_____两种。目前，生产中应用更为广泛的是_____。

2. 根据焊接过程中电弧或电极摆动与否，可以将焊道分为_____和_____两类。

3. 机器人完成单一圆弧焊缝的摆动焊接至少需要示教_____个关键位置点，且摆焊起始点、中间点和结束点的动作类型（或插补方式）均为_____。

4. 针对不同的焊接位置和接头形式，机器人焊枪的摆动参数配置既要符合焊接机器人本体的_____，又要满足一定条件下的焊接电弧和_____要求，方能获得质量优良的摆动焊道。

5. FANUC机器人焊枪的摆动参数配置主要涉及在_____处设置摆动方式、摆动频率等参数和在_____处设置主路径运动速度两方面。

二、选择题

1. 弧焊机器人焊枪的关键摆动参数主要包括（　　）等。

①摆动方式；②摆动频率；③摆动宽度；④左（右）停留时间

A.①②③④　　　B.①②④　　　C.①②③　　　D.②③④

2. FANUC焊接机器人的标准摆动方式有（　　）。

①锯齿形摆动；②L形摆动；③三角形摆动；④圆形摆动；⑤梯形摆动；⑥月牙形摆动；⑦八字形摆动

A.①②③④⑤⑥　　B.①③⑤⑦　　C.①②③④　　D.①②④⑦

3. 与直线、圆弧运动指令比较，机器人直线摆动和圆弧摆动指令同样包含（　　）等要素。

①动作类型；②位置坐标；③运动速度；④定位方式；⑤附加选项

A.①②③④　　　B.①②③⑤　　　C.②③④⑤　　　D.①②③④⑤

三、判断题

1. 摆动焊道是指焊接时,电弧做横向摆动所完成的焊道,如向下立(角)焊。(　　)
2. 焊接机器人的圆弧摆动是以圆弧内插摆动方式对从圆弧起始点,经由圆弧中间点,移向圆弧结束点的 TCP 运动轨迹和焊枪姿态进行连续路径控制的一种运动形式。(　　)
3. 无论圆弧摆动临近点采用关节动作还是直线动作,圆弧摆动临近点至圆弧摆动起始点区段机器人系统自动按圆弧路径规划运动轨迹。(　　)
4. 针对(I 形坡口)T 形角焊缝,机器人向下立角焊宜采用短弧焊接、较小的焊接电流,焊枪行进角 $\alpha=60°\sim80°$、工作角 $\beta=45°$。(　　)
5. 摆动轨迹区间的正向和反向单步程序验证动作相同。(　　)

四、综合实践

尝试使用富氩气体(如 $Ar80\%+CO_2 20\%$)、直径为 1.2mm 的 ER50-6 实心焊丝和 FANUC 焊接机器人,通过合理规划机器人摆动轨迹和焊枪姿态,完成组合式碳素钢 T 形接头角焊缝的机器人立角焊作业(图 7-18,I 形坡口,对称焊接),要求焊缝饱满,焊脚对称且尺寸为 6mm,无咬边和气孔等表面缺陷。

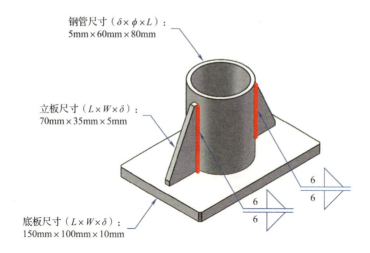

图 7-18　组合式碳素钢 T 形接头角焊缝的机器人立角焊

项目 8　未来可期，焊接机器人工艺辅助设备的编程与调试

在一套成熟的焊接机器人系统中，为尽可能减少清理或更换系统配件所造成的停机时间，以及始终通过保持最佳的焊接位置来保证焊接质量的稳定性，合理的焊接机器人与自动清枪器、焊接变位机等周边（工艺）辅助设备之间的动作次序显得尤为重要。动作次序是焊接机器人任务编程的三大主要内容之一，同时也是焊接机器人系统柔性作业的良好展示。

本项目参照 1+X "焊接机器人编程与维护" 国家职业技能等级要求，以 FANUC 焊接机器人为例，通过尝试机器人焊枪清洁和骑坐式管－板 T 形接头船形焊的任务编程，掌握焊接机器人与周边（工艺）辅助设备间的动作次序示教要领，完成清枪剪丝及附加轴联动任务程序的编辑与调试。根据焊接机器人编程员的岗位工作内容，本项目共设置两项任务：一是骑坐式管－板 T 形接头机器人船形焊及其优化；二是机器人焊枪自动清洁任务编程及调试。

学习目标

素养提升

1）致敬大国工匠郑志明精益求精、刻苦钻研的工匠精神，树立技能成才、技能报国的远大志向，以实际行动传承和践行工匠精神。

2）培养学生精通焊接机器人与周边（工艺）辅助设备间的动作次序编辑要领，完成岗位工作内容，以获得更好的作业效果和产品质量。

3）将所学知识综合运用在实际操作过程中，应用于自己的职业生涯，适应现代智能制造技术发展，培养实践能力和创新精神，积极投身制造业强国建设。

知识学习

1）能够区别焊接机器人系统本体轴和附加轴的联动。

2）能够简要说明通用 I/O 信号和专用 I/O 信号的差异。

3）能够使用信号处理指令和流程控制指令完成机器人焊枪自动清洁的任务编程。

 机器人焊接

技能训练

1）能够灵活使用示教盒点动机器人附加轴及查看其位置信息。
2）能够熟练配置T形接头船形焊的机器人焊接条件。
3）能够根据自动清枪器的模块配置合理编辑机器人焊枪清洁任务程序。

学习导图

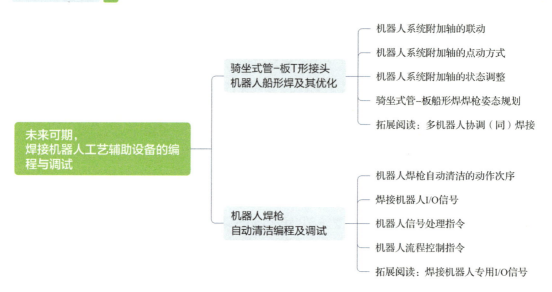

灯塔传承

郑志明：推动中国智能制造走向世界

【人物档案】郑志明，毕业于柳州微型汽车厂中等职业技术学校，广西汽车集团有限公司钳工特级技师，曾获"全国五一劳动奖章""全国劳模""全国优秀共产党员""全国技术能手""大国工匠年度人物"等荣誉，成为国家级技能大师工作室带头人，享受"国务院特殊津贴"，是当代产业工人队伍中的杰出代表。

2017年，车桥厂需要制造一条后桥壳自动化焊接生产线。该生产线由气密性检测、液压调直、机加工、机器人工作站、环焊专机等多种复杂设备组成。要求新生产线自动化程度达到80%以上，比原生产线减少操作岗位40%以上。郑志明与团队多次评审、优化、讨论、验证，最终拿出自动化生产线的整体数模和方案，顺利完成这项艰

巨的任务。该项目实施后可以基本实现全线自动化生产后桥总成，投产后，产量保持不变的情况下，整线每年可以节约人工成本30万元。目前该线是国内唯一一条国内自主研发的微型汽车后桥壳自动化焊接生产线，填补了国内自动化后桥壳焊接生产线空白。（扫描二维码）

郑志明：推动中国智能制造走向世界

【青年寄语】起点高低不重要，成长成才才是最重要的，同学们要不负韶华，努力拼搏，定好自己人生的目标并为之奋斗，定能够收获满满。

▶ 任务 8.1　骑坐式管－板T形接头机器人船形焊及其优化

⚙ 任务提出

为克服T形、十字形和角接接头平角焊时，容易产生咬边和焊脚（尺寸）不均匀等缺陷，在生产中常利用焊接变位机等辅助工艺设备将待焊工件转动至45°斜角，即处于平焊位置进行的角焊，称为船形焊或平位置角焊。船形焊相当于坡口角度为90°的V形坡口带钝边的水平对接焊，其焊缝成形光滑美观，单道焊的焊脚尺寸范围较宽、焊缝凹度较大。

本任务要求使用富氩气体（如Ar80%+$CO_2$20%）、直径为1.2mm的ER50-6实心焊丝、FANUC焊接机器人和两轴焊接变位机，完成项目6中骑坐式管－板（无缝钢管和底板，材质均为Q235，图8-1）T形接头机器人船形焊作业，焊脚对称且尺寸为6mm，焊缝呈凹形圆滑过渡，无咬边和气孔等焊接缺陷。

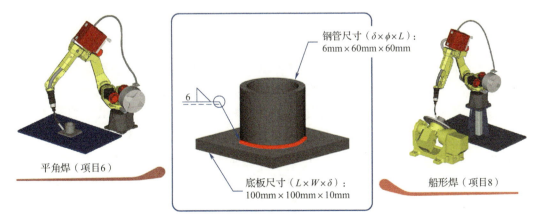

图 8-1　骑坐式管－板T形接头焊接示意

知识准备

8.1.1 机器人系统附加轴的联动

出于焊接工艺成熟度考虑，当焊件接缝处于非平焊位置时，焊接机器人系统通常配置柔性工装轴（项目 4 所述机器人附加轴的一种，如焊接变位机），用于支承及实现焊件接缝的空间变位。从编程和控制角度分析，焊接机器人附加轴的运动可以通过机器人控制器附属的示教盒直接控制，此时称其为内部轴；也可以由外部控制器（如 PLC）直接控制、而机器人控制器间接控制，此时称其为外部轴。上述两种机器人附加轴的集成方式，前者能够实现机器人本体轴与附加轴的高效联动，完成空间曲线焊缝的优质焊接，不足在于成本明显高于后者，具体内容见表 8-1。

表 8-1 不同焊接机器人系统附加轴的集成方式比较

比较因素	集成方式	
	内部轴	外部轴
协调运动	可以实现与机器人本体轴的协调或同步运动（图 8-2），在相同的硬件配置及运动速度条件下，可将焊接效率提高 50%～60%	各附加运动轴单独转动或移动，无法实现与机器人本体轴的联动
空间曲线焊缝	通过机器人系统本体轴和附加轴的联动，始终保持焊件接缝处于平焊或船形焊的最佳位置，配合舒展的机器人手臂和手腕作业姿态（图 8-3），利于保证焊接质量	能够实现平焊、立焊等位置的直线焊缝焊接，难以满足空间复杂焊缝轨迹作业
运动指令	视机器人品牌而各不相同。例如，FANUC 机器人的协调运动指令保持不变，仅指令要素中的位置坐标数据增添附加轴的状态；Panasonic 机器人的协调运动指令多"+"，关节协调运动（MOVEP+）、直线协调运动（MOVEL+）、圆弧协调运动（MOVEC+）……	—

目前主流品牌的工业机器人控制器可以实现几十根运动轴的控制，采取分组独立控制策略，通常每组最多控制九根运动轴。对于六自由度关节型机器人而言，除机器人本体的六根运动轴外，每组最多还可增添三根附加轴。以 FANUC 机器人控制器 R-30iB 为例，如图 2-20 所示，该型号系列的控制器拥有四种不同的外形尺寸，即 A-Cabinet、B-Cabinet、Mate Cabinet 和 Open-Air Cabinet。除 B-Cabinet 外，其他的 R-30iB 控制器均为紧凑型、可叠放的，易于实现机器人系统集成。一套 R-30iB Mate Cabinet 最多可以控制四台机器人，从第二台起，只需要增添操作机和驱动伺服电动机的伺服放大器模块即可完成机器人单元的组建。相比之下，B-Cabinet 采用相同的技术，

项目8 未来可期,焊接机器人工艺辅助设备的编程与调试

但预留空间较大,可扩展多个伺服放大器和 I/O 模块,最多能同时控制五十六根运动轴。

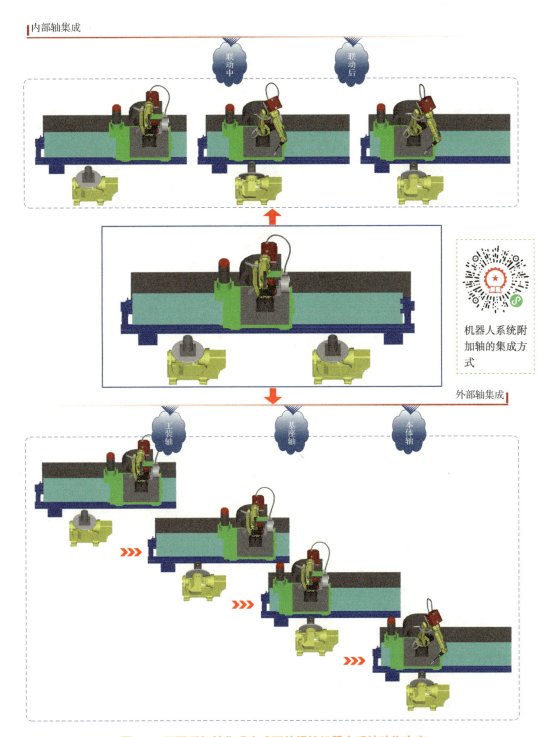

图 8-2 不同附加轴集成方式下的焊接机器人系统动作次序

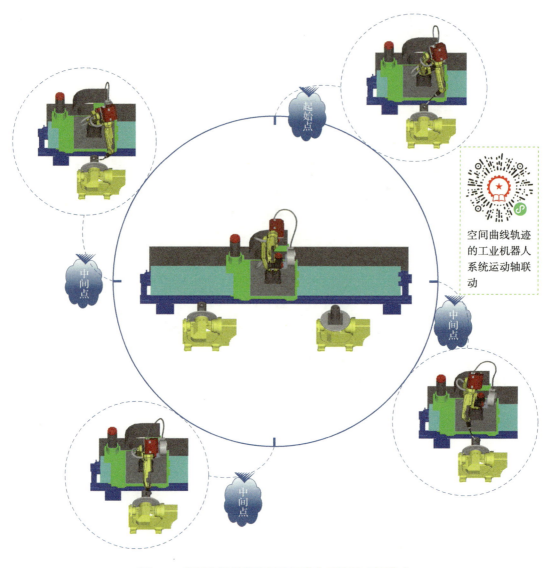

图 8-3 空间曲线焊缝的焊接机器人系统运动轴联动

» 焊接机器人系统附加轴的联动需控制软件包（选配）支持，如 FANUC 机器人用于基座轴联动控制的 Extended Axis Control（J518）和用于工装轴联动控制的 Multi-Group Motion（J601）、Coordinated Motion Package（J686）等。

» 工装轴的空间布局应满足焊接机器人工作空间（或动作可达性）的要求，其与机器人本体轴的联动主导为工装轴，而机器人本体轴或 TCP 保持随动状态。

» 当采取内部轴集成方式时，焊接机器人系统的协调或同步运动需共同合成焊接轨迹，且焊接位置、焊接速度以及机器人焊枪姿态（角度）等参数调整应保证焊接过程稳定性和焊接质量一致性。

8.1.2 机器人系统附加轴的点动方式

与点动机器人本体轴比较，焊接机器人系统附加轴的操控方式也包括增量点动和连续点动两种。两者的不同之处在于，当通过内部轴集成机器人系统附加轴时，机器人控制器采取分组独立控制策略，且以组号码形式予以配置。也就是说，点动附加轴需要切换机器人系统运动轴的组号码，同组内的切换顺序是本体轴→附加轴。FANUC 焊接机器人系统附加轴（内部轴）的点动基本条件见表 8-2。

表 8-2 FANUC 焊接机器人系统附加轴（内部轴）的点动基本条件

流程	操控方法
选择手动模式	拨动机器人控制器操作面板的【模式旋钮】对准"T1/T2"位置
启用示教盒功能	拨动机器人示教盒的【使能键】对准"ON"位置，置示教盒为有效状态
选择运动轴组号码	点按 GROUP 【组切换键】，按照 G1→G1S→G2→G2S→……顺序，依次切换系统运动轴的组号码，若遇未配置的组号码直接跳过，同组内为本体轴→附加轴切换，如图 8-4 所示
选择点动坐标系	当切换焊接机器人系统运动轴为转动附加轴时，点动坐标系自动切换为关节坐标系；当切换机器人系统运动轴为移动附加轴时，点按 COORD 【坐标系键】，按照关节→手动→机座（世界）→工具→工件（用户）→关节→……顺序，依次切换系统点动坐标系的种类
设置附加轴的示教速度	点按 +% -% 【倍率键】，按照"微速→低速→1%→……→5%→……→50%→……→100%（5% 以下时以 1% 为递进刻度，5% 以上时以 5% 为递进刻度）"26 档位顺序，依次切换机器人运动速度的倍率档位。当与 SHIFT 【上档键】一并按下时，机器人运动速度的倍率档位降至"微速→低速→5%→50%→100%"五档
消除系统报警信息	轻握【安全开关】的同时，点按 RESET 【复位键】消除报警信息
选择系统运动轴	根据动作需要，点按某一系统附加轴对应的【运动键】，选择相应的附加轴
操控附加轴运动	1）连续点动附加轴：当离目标（指令）位姿较远时，在中高速率（5%→50%→100%）状态下，持续按住 SHIFT 【上档键】+【运动键】组合键，操控机器人系统附加轴在关节坐标系中大范围快速运动，如图 8-5 所示 2）增量点动附加轴：当离目标（指令）位姿接近时，在低速和微速（微速→低速→1%→5%）状态下，间断性点按 SHIFT 【上档键】+【运动键】组合键，操控机器人系统附加轴在关节坐标系中小范围慢速运动，如图 8-5 所示

注：【上档键】+【倍率键】组合键的使用效果视系统变量 $SHFTOV_ENB 而定。

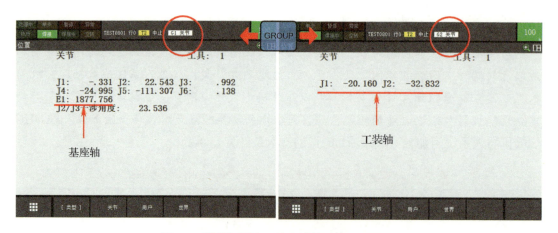

图 8-4　焊接机器人系统运动轴组号码的选择

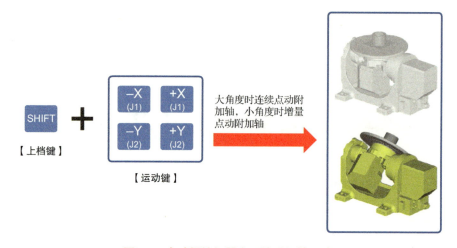

图 8-5　点动焊接机器人系统附加轴运动

注：【运动键】视焊接机器人系统附加轴数量而定

> » 焊接机器人系统工装轴的点动仅能在关节坐标系中实现。
>
> » 焊接机器人系统基座轴的手动操控可以在关节、机座（世界）和工具等常见点动坐标系中完成。当在机座（世界）和工具等直角坐标系中点动基座轴时，机器人 TCP 保持不变，基座轴和机器人本体轴联动，用于调整手臂和手腕以舒展的姿态进行焊接作业。
>
> » 除通过 [GROUP]【组切换键】变更系统运动轴组号码外，FANUC 焊接机器人还可以同时按下 [SHIFT]【上档键】+ [COORD]【坐标系键】组合键，在示教盒液晶界面右上角弹出菜单，使用【方向键】移动光标至"Group"，点按【数字键】即可切换所选编号的系统运动轴，如图 8-6 所示。

项目8 未来可期，焊接机器人工艺辅助设备的编程与调试

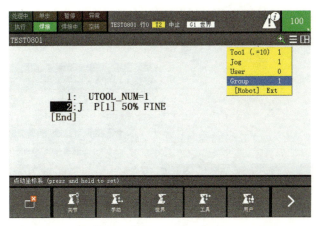

图 8-6 焊接机器人系统运动轴切换（弹出菜单）

8.1.3 机器人系统附加轴的状态调整

正如前文所述，焊接机器人系统运动轴的运动控制采用分组控制策略。当一套焊接机器人系统包含附加轴时，每根附加轴的启用和点动等状态需视系统集成配置而定。通常将机器人基座轴与本体轴分为同组，工装轴分为一组。例如，图 8-3 所示的 FANUC 焊接机器人系统拥有 11 根运动轴，包括六根机器人本体轴、一根机器人基座轴和四根工装轴（两套焊接变位机）。此系统的运动轴组号码分配为机器人本体轴 G1、机器人基座轴 G1S、工装轴 G2 和 G3。

随着焊接机器人系统运动轴数量的增加，任务编程时指令位姿的示教和编辑用时也将随之增加。因此，机器人系统附加轴的状态可以根据实际作业需求启用或禁用。比如，完成项目 5 和项目 6 中任务仅需机器人本体轴，此时机器人系统附加轴可以禁用。FANUC 焊接机器人系统附加轴的启用与否，可以通过程序文件属性的"组掩码"予以设置，如图 8-7 所示。

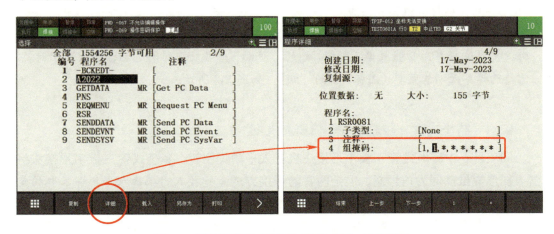

图 8-7 焊接机器人系统附加轴的启用/禁用设置

此外，在焊接机器人运动轨迹修正和机器人焊枪姿态优化等任务程序编辑过程中，

— 211 —

需要经常查看和修改机器人系统运动轴的指令位置。图 8-8 所示为 FANUC 焊接机器人系统附加轴（工装轴）的位置变更界面。

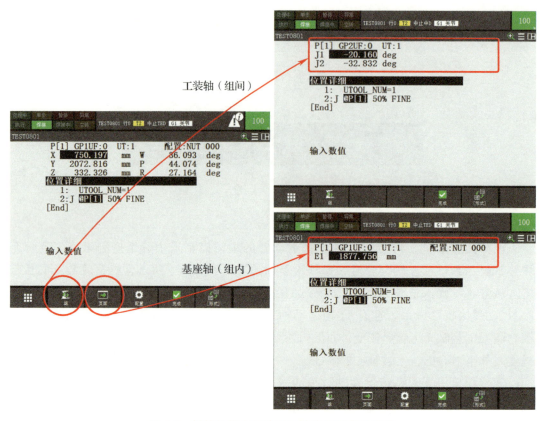

图 8-8　焊接机器人系统附加轴的位置变更界面

> » 机器人系统运动轴（包含附加轴）的启用需在创建任务程序时完成。
> » FANUC 焊接机器人系统默认的运动轴组掩码分为八组。
> » 对于 FANUC 机器人而言，当切换组内本体轴和附加轴（基座轴）位置显示时，需要选择界面功能菜单（图标）栏的"页面"；当切换组间运动轴位置显示时，需要选择界面功能菜单（图标）栏的"组"，如图 8-8 所示。

8.1.4　骑坐式管–板船形焊焊枪姿态规划

同项目 6 中骑坐式管–板 T 形接头机器人平角焊比较，骑坐式管–板 T 形接头机器人船形焊虽然同为角焊缝，但是两者的焊接方式差异较大。机器人平角焊采取的是机器人焊枪移动、工件固定方式，由于焊缝始终处于某一水平面，在焊接过程中液态熔池受自身重力的影响，难以保证焊脚（尺寸）的一致性。机器人船形焊采取的是机器人焊枪固定、工件转动方式，由于焊缝连续转动，受液态熔池自身重力的影响，焊接引弧点的位置至关重要，如图 8-9 所示。

项目 8　未来可期，焊接机器人工艺辅助设备的编程与调试

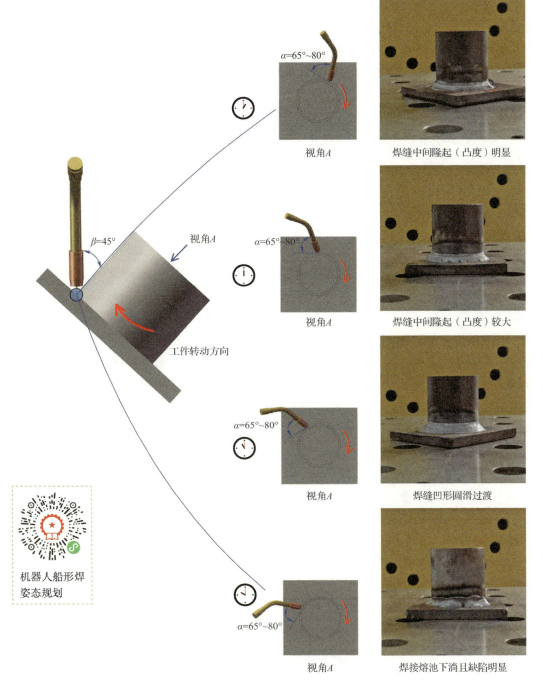

图 8-9　骑坐式管－板 T 形接头船形焊姿态示意

在保持机器人焊枪行进角 $α=65°\sim 80°$、工作角 $β=45°$，以及工艺参数不变的情况下，从 10 点钟位置至 13 点钟位置连续改变机器人焊接引弧点位置，结果发现：当焊接变位机沿顺时针方向转动时，从 10 点钟位置引弧焊接，极似立角焊，液态熔池下淌明显，产生未熔合和咬边等缺陷，焊接质量不合格；从 11 点钟位置位置引弧，处于上

— 213 —

坡焊，液态熔池伴随工件转动和自身重力耦合作用易于铺展，焊缝成形美观、凹形圆滑过渡，焊脚（尺寸）对称，焊接质量良好；当从 12 点钟位置引弧时，处于下坡焊，液态熔池受自身重力作用，焊缝中间隆起（凸度）较大，且伴随工件转动越发加剧。因此，建议骑坐式管－板 T 形接头机器人船形焊的引弧点位置控制在 11 点钟方向，且焊接变位机转动范围设置为 365°～370°。

> » 在实际调整焊接机器人系统运动轴过程中，为便于精准调控机器人焊枪指向（TCP 姿态）和附加轴位置，编程员可以同时按下 [SHIFT]【上档键】+ [DISP]【分屏键】组合键，切换界面为双画面显示，然后通过 [DISP]【分屏键】、[POSN]【位置键】和 [GROUP]【组切换键】，实时查看机器人 TCP 和各运动轴的状态，如图 8-4 所示。

任务分析

骑坐式管－板 T 形接头船形焊的机器人运动轨迹较为简单。当焊接变位机承载焊件并将其接缝转至接近水平焊接位置时，机器人船形焊作业与平焊作业极为相似。以焊接机器人系统附加轴联动为例，完成骑坐式管－板 T 形接头机器人船形焊作业通常需要示教五个目标位置点，其运动路径和焊枪姿态规划如图 8-10 所示。各示教点用途参见表 8-3。实际示教时，可以按照图 3-15 所示的流程进行示教编程。

任务实施

（1）**示教前的准备**　开始任务示教前，请做如下准备：

1）工件表面清理。核对钢管和试板的几何尺寸后，将待焊区域表面铁锈和油污等杂质清理干净。

2）接头组对点固。使用手工电弧焊（如氩弧焊）沿钢管内壁（或外壁）将组对好的管－板接头定位焊点固。

3）工件装夹与固定。选择合适的夹具将待焊试件固定在焊接工作台上。

4）机器人系统原点确认。执行机器人控制器内存储的原点程序，让机器人系统各运动轴返回原点位置（如机器人本体轴 J5=-90°、J1=J2=J3=J4=J6=0° 和工装轴 J1=J2=0°）。

5）机器人坐标系设置。参照项目 4 设置焊接机器人工具坐标系和工件（用户）坐标系编号。

6）新建任务程序。参照项目 3 创建一个文件名为"FLAT_FILLET_WELD"的焊接程序文件，且在程序属性界面中，将完成本任务所需的工装轴（组号码）启用，如图 8-7 所示。

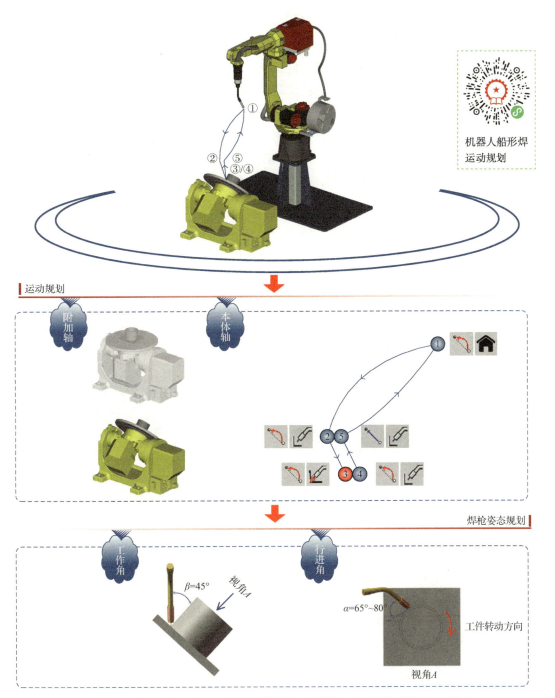

图 8-10 骑坐式管 – 板 T 形接头机器人船形焊的运动路径和焊枪姿态规划

表 8-3 骑坐式管 – 板 T 形接头机器人船形焊任务的示教点

示教点	备注	示教点	备注	示教点	备注
①	原点（HOME）	③	圆周焊接起始点	⑤	焊接回退点
②	焊接临近点	④	圆周焊接结束点		

骑坐式管－板T形接头机器人船形焊的运动轨迹示教步骤

（2）运动轨迹示教 针对图8-10所示的机器人运动路径和焊枪姿态规划，点动机器人依次通过系统原点P[1]、焊接临近点P[2]、圆周焊接起始点P[3]、圆周焊接结束点P[4]、焊接回退点P[5]等五个目标位置点，并记忆示教点的位姿信息，如图8-11～图8-14所示。其中，机器人系统原点P[1]应设置在远离作业对象（待焊工件）的可动区域的安全位置；焊接临近点P[2]和焊接回退点P[5]应设置在临近焊接作业区间且便于调整机器人焊枪姿态的安全位置。具体示教步骤请扫描二维码查阅。编制完成的任务程序见表8-4。

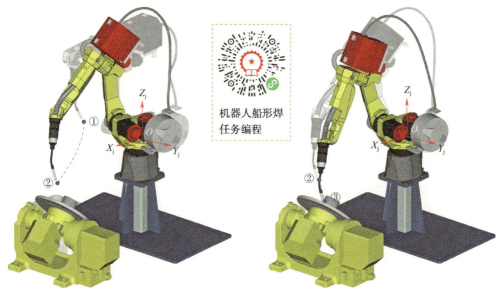

机器人船形焊任务编程

图8-11 点动机器人至焊接临近点 P[2]　　图8-12 点动机器人至圆周焊接起始点 P[3]

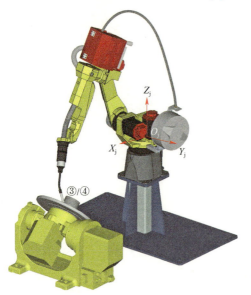
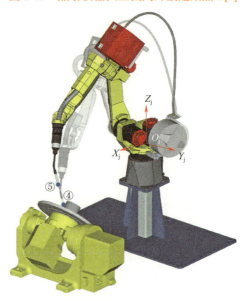

图8-13 点动机器人至圆周焊接结束点 P[4]　　图8-14 点动机器人至焊接回退点 P[5]

表 8-4 骑坐式管-板 T 形接头机器人船形焊的任务程序

行号码	指令语句	备注
1:	UTOOL_NUM = 1	工具坐标系（焊枪）选择
2:	J P[1] 80% FINE	机器人原点（HOME）
3:	J P[2] 30% FINE	焊接临近点
4:	J P[3] 30% FINE	圆周焊接起始点
:	Weld Start[1, 1]	焊接开始规范和动作次序
5:	J P[4] 32.3sec FINE	圆周焊接结束点
:	Weld End[1, 2]	焊接结束规范和动作次序
6:	L P[5] 50cm/min FINE	焊接回退点
7:	J P[1] 80% FINE	机器人原点（HOME）
[End]		程序结束

注：机器人焊接条件和动作次序均通过调用焊接数据库方法予以配置；焊接变位机承载工件的转动速度是通过焊接线长度（钢管外壁周长）除以转动一周所需时间予以间接设置。

（3）焊接条件和动作次序示教 根据任务要求，本任务选用直径为 1.2mm 的 ER50-6 实心焊丝，合理的焊丝干伸长度为 12～15mm，富氩保护气体（Ar80%+$CO_2$20%）流量为 20～25L/min，并参考项目 6 中所完成任务的工艺参数予以配置，如焊接速度为 35cm/min。焊接结束规范（收弧电流）为参考规范的 80% 左右，焊接开始和焊接结束动作次序保持默认。关于焊接条件和动作次序的示教可以参考项目 4 中 4.1.2 和 4.1.3，不再赘述。

（4）程序验证与参数优化 参照项目 5 中表 5-5 所示的 FANUC 机器人任务程序验证方法，依次通过单步程序验证和连续测试运转，确认机器人 TCP 运动轨迹的合理性和精确度。待任务程序验证无误后，方可再现施焊。通过 RSR（机器人启动请求）远程方式自动运转机器人任务程序的步骤如下：

1）中止执行中的程序。在手动模式下，点按 [FCTN]【辅助菜单】键，选择【中止程序】。

2）加载任务主程序。使用 [SELECT]【一览键】和【方向键】选择并加载"RSR0001"程序。

3）调用任务子程序。移动光标至 CALL 指令参数处，选择界面功能菜单（图标）栏的"选择"，变更调用任务程序为 FLAT_FILLET_WELD。

4）启用焊接引弧功能。点按 [SHIFT]【上档键】+ [WELD ENBL]【引弧键】组合键，界面左上角的状态栏指示灯 [焊接]（灯亮），表明焊接引弧功能启用。

5）调整速度倍率。点按 [+%]【倍率键】，切换机器人运动速度的倍率档位至 100%。

6）示教盒置无效状态。切换示教盒【使能键】至"OFF"位置（无效）。

7）选择自动模式。切换机器人控制器操作面板的【模式旋钮】至"AUTO"位置（自动模式）。

8）自动运转程序。点按焊接机器人系统外部集中控制盒上的【启动按钮】，自动运转执行任务程序，机器人开始焊接，如图 8-15 所示。

a）焊接过程

b）焊缝成形

图 8-15　骑坐式管－板 T 形接头机器人船形焊

任务评价

本任务要求使用机器人和焊接变位机完成骑坐式管－板 T 形接头船形焊，焊脚对称且尺寸为 6mm，焊缝呈凹形圆滑过渡，无咬边和气孔等焊接缺陷。待焊接结束、试板冷却至室温后，通过目视进行焊缝外观检查，然后使用钢直尺、游标卡尺和焊缝检验尺等测量工具，记录及评价机器人船形焊质量，见表 8-5。同时，为培养良好的职业素养，对任务实施过程中学生的操作规范性和安全文明生产等进行考核。

表 8-5　骑坐式管－板 T 形接头机器人船形焊试件外观评分标准

检查项目	标准分数	焊缝等级				得分
		I	II	III	IV	
焊脚 K_1	标准/mm	≥6，≤6.5	>6.5，≤7	>7，≤7.5	<6，>7.5	
	分数	20	14	8	0	
焊脚 K_2	标准/mm	≥6，≤6.5	>6.5，≤7	>7，≤7.5	<6，>7.5	
	分数	20	14	8	0	
焊脚差 ΔK	标准/mm	≤0.5	>0.5，≤1	>1，≤1.5	>1.5	
	分数	10	7	4	0	
焊缝凹凸度	标准/mm	>0，≤0.5	>0.5，≤1	>1，≤1.5	>1.5	
	分数	10	7	4	0	
咬边	标准/mm	0	深度≤0.5 且长度≤10	深度≤0.5 长度>10，≤15	深度>0.5 或深度≤0.5，长度>15	
	分数	20	14	8	0	

项目 8　未来可期，焊接机器人工艺辅助设备的编程与调试

（续）

检查项目	标准分数	焊缝等级				得分
		I	II	III	IV	
表面气孔	标准（气孔直径≥0.5mm）	无	1个	2个	>2个	
	分数	20	7	4	0	

注：1. 表面气孔等缺陷检查采用 5 倍放大镜。
　　2. 表面有裂纹、未熔合和焊瘤等缺陷之一的，该试件外观为 0 分。
　　3. 职业素养评分采取倒扣分形式：劳保穿戴不符合要求扣 5 分；安全操作不符合要求扣 5 分；文明生产不符合要求扣 5 分。

任务拓展

» 当板材厚度增加，要求焊脚尺寸为 8mm 时，如何调整焊接参数或道数达到骑坐式管－板 T 形接头机器人船形焊质量要求？

_____
_____
_____

拓展阅读

多机器人协调（同）焊接

在科技强国、制造强国和数字中国的持续建设中，大飞机、高速列车、超级跨海大桥、全自动化码头等国家重大工程和大国重器不断涌现，强力催生以机器人技术为代表的数字化、智能化、绿色化制造蓬勃兴起。多机器人协调（同）焊接是制造业先进基础工艺的重要组成部分，对传统产业高端化、智能化、绿色化转型发展起到重要支撑作用。（扫描二维码）

多机器人协调（同）焊接

▶ 任务 8.2　机器人焊枪自动清洁编程及调试

任务提出

飞溅是熔焊机器人作业过程中向周围飞散的金属颗粒，与熔滴过渡、电弧斑点压力和焊接冶金反应等因素密切相关。随着机器人熔焊作业时间的延续，飞溅通常会在机器人焊枪喷嘴内壁和导电嘴表面附着。当飞溅附着量较多或遇到大颗粒飞溅时，容

易堵塞机器人焊枪喷嘴或保护气体通道，导致产生气孔和焊缝成形不良等缺陷。此外，粗大的焊丝球状端头如同加粗了焊丝直径，并在球状端头表面形成一层氧化膜，不利于焊接引弧。因此，机器人焊枪的自动清洁成为机器人自动化焊接系统的刚性需求。

本任务要求使用自动清枪器（如宾采尔 BINZEL、泰佰亿 TBi）和 FANUC 焊接机器人，完成机器人连续熔焊作业过程中机器人焊枪喷嘴内壁附着物（飞溅）的自动清除和焊丝球状端头的自动剪断任务，如图 8-16 所示。出于连续性考虑，不妨选择本项目任务一实施连续熔焊作业。当然也可以结合已有条件，选择项目 5 至项目 7 中任一任务为连续熔焊作业对象。焊接机器人系统信号配置如下：DO[101：wire cutting] 启动剪丝；DO[102：torch cleaning] 启动清枪；DO[103：wire feeding] 启动送丝；DI[101：nozzle clamp open] 夹紧气缸松开。

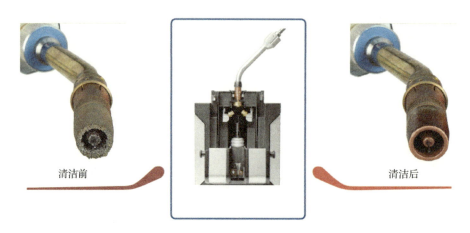

清洁前　　　　　　　　　　　　　　　　　清洁后

图 8-16　机器人焊枪自动清洁示意

知识准备

8.2.1　机器人焊枪自动清洁的动作次序

正如项目 2 中所述，当焊接工艺方法不同时，机器人末端执行器及周边辅助设备的配置也各不相同。例如，熔焊机器人配置机器人焊枪和自动清枪器，压焊机器人配置机器人焊钳和电极修磨器，钎焊机器人配置烙铁式焊接头和烙铁咀清洁器。不过，从焊接机器人应用来看，上述系统配置均以"提质增效"为根本目的。对于熔焊机器人而言，机器人自动清枪器（图 8-17）主要包括清洁、喷油和剪丝三个模块。其中，清洁模块一般通过铰刀旋转清除粘堵在焊枪喷嘴里的飞溅，确保保护气体能畅通进入焊接区域，保护金属熔滴、熔池及焊缝区；喷油模块可向喷嘴内喷射防飞溅剂，

图 8-17　焊接机器人自动清枪器
1—喷油模块　2—清洁模块　3—剪丝模块

清洗导电嘴上的焊接积尘和分流器上气口的脏污，减少飞溅附着率，增加耐用性；剪丝模块负责剪断焊丝球状端头，保证焊丝干伸长度的一致性，提高焊缝寻位检出精度和焊接引弧性能。

> » 采用机器人焊枪自动清洁方式可以有效解决人工清洁存在的以下突出问题：①减轻操作员的工作量，避免产生因频繁进入机器人工作空间而带来的安全隐患；②防止人工清洁不及时而影响焊接质量；③防止因人工清洁反复拆装喷嘴而导致连接螺纹磨损，延长焊枪及配件使用寿命，降低生产成本；④防止因连接螺纹磨损而引起喷嘴歪斜，使保护气体导偏造成维护失效。
> » 焊接机器人自动清枪器的喷油模块既可以与机器人焊枪清洁功能在同一位置实现，构成开放式系统，又可以在不同位置安装独立喷油仓，形成闭合式系统。由于电气控制较为简单，因此机器人系统集成商更倾向于前者（图 8-16）。

机器人自动清枪器的清洁、喷油和剪丝功能通常由机器人控制器直接控制，并向机器人控制器反馈信号，它们之间的通信一般使用航空插头进行点对点连接。以 TBi BRG-2 系列自动清枪器为例，其与机器人控制器的电气接线原理如图 8-18 所示。不难发现，机器人焊枪的自动清洁过程主要依赖三个交互信号，即两个机器人控制器输出信号（启动剪丝、启动清枪）和一个机器人控制器输入信号（夹紧气缸松开）。那么，机器人运动规划与自动清枪之间存在何种逻辑关系？图 8-19 所示为机器人焊枪自动清洁时序。鉴于自动清枪器的功能及型号配置的差异性，建议采用模块化编程思维编制机器人清枪任务程序，如清洁（喷油）任务程序、剪丝任务程序等。

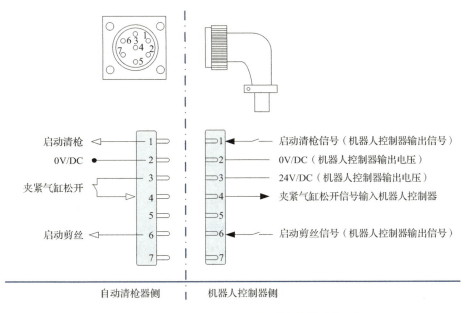

图 8-18　焊接机器人自动清枪器的电气接线原理图

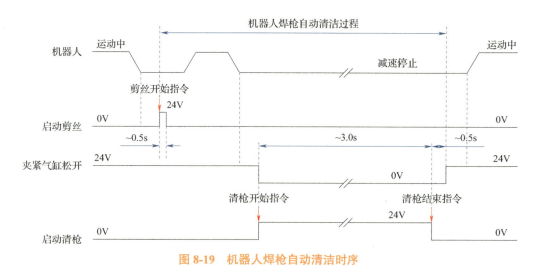

图 8-19　机器人焊枪自动清洁时序

（1）剪丝动作次序　机器人自动剪丝仅需一个机器人控制器输出信号，即启动剪丝信号。完整的机器人剪丝动作次序如图 8-20 所示。具体过程如下：

1）机器人携带焊枪移至自动清枪器剪丝模块的前方，调整焊枪竖直高度，控制焊丝干伸长度，如图 8-21 所示。

2）机器人控制器向焊接电源输出"送丝开始"指令，信号持续约为 1s，而后再次输出"送丝停止"指令。

3）沿剪丝刀片切割边缘平行移动机器人至目标点（刀片中间位置，靠近固定刀片侧）。

4）机器人控制器向自动清枪器输出"剪丝开始"指令，信号持续时间约为 0.5s，而后再次输出"剪丝停止"指令。

5）机器人携带焊枪离开剪丝位置。

（2）清枪（喷油）动作次序　机器人焊枪自动清洁需要一个机器人控制器输出信号和一个机器人控制器输入信号，即启动清枪信号和夹紧气缸松开信号。完整的机器人自动清枪（喷油）动作次序如图 8-22 所示。具体过程如下：

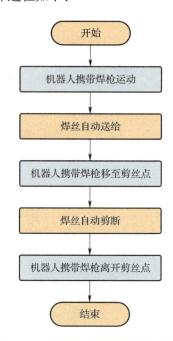

图 8-20　机器人自动剪丝动作次序

1）机器人控制器向自动清枪器读取"夹紧气缸松开"信号，判定夹紧气缸的当前状态。若为高电平，则表明夹紧气缸为松开状态；否则，发出报警信号。

2）机器人携带焊枪移至自动清枪器的定位模块，机器人焊枪喷嘴竖直向下，如图 8-23 所示。

3）机器人控制器向自动清枪器输出"清枪开始"指令，此时夹紧气缸从定位模块的另一侧将机器人焊枪喷嘴压住，"夹紧气缸松开"信号从高电平转为低电平。

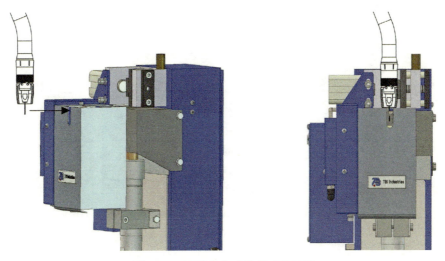

图 8-21 机器人自动剪丝动作示意

4)机器人"清枪开始"信号持续时间约为3s,期间气马达带动铰刀旋转上升,去除粘堵在喷嘴与导电嘴之间的飞溅。

5)飞溅去除后,机器人控制器向自动清枪器输出"清枪结束"指令,铰刀停止转动,并从焊枪喷嘴中退出复位。

6)待铰刀复位完毕,防飞溅剂从两侧朝向机器人焊枪喷嘴喷射,持续时间约为0.5s,随后夹紧气缸自动松开。

7)机器人控制器再次向自动清枪器读取"夹紧气缸松开"信号,判定夹紧气缸是否松开,若为高电平,则表明夹紧气缸已松开状态;否则,发出报警信号。

8)机器人携带焊枪离开清枪位置。

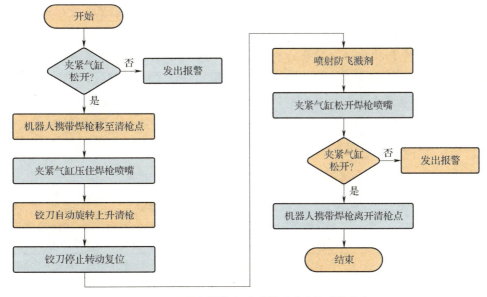

图 8-22 机器人焊枪自动清枪(喷油)动作次序

机器人自动剪丝和焊枪自动清洁运动规划

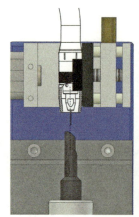
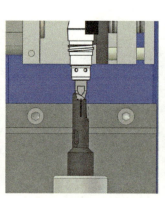

图 8-23 机器人焊枪自动清洁动作示意

> » 剪丝时，焊丝距离固定刀片越近，剪丝效果越好。如果焊丝末端弯曲，建议降低剪丝速度。
>
> » 为保证最佳的清枪效果，需选择合理的铰刀型号。例如，铰刀的外径应小于焊枪喷嘴内径 0.5～1.0mm，内径应大于导电嘴外径 0.5～1.0mm。

8.2.2 焊接机器人 I/O 信号

作为实现自动化、智能化和绿色化焊接的重要工具，焊接机器人被广泛用于金属制品业、汽车制造业和交通运输设备制造业等行业。工业机器人在焊接领域的应用实则为柔性通用设备与焊接工艺及周边辅助设备（或装置）高度集成的过程，这离不开设备（或装置）间的互联互通——机器人 I/O 接口。I/O（Input/Output，输入/输出）信号，是焊接机器人与自动清枪器、外部操作盒等周边设备（或装置）进行通信的电信号，分为通用 I/O 信号和专用 I/O 信号两类。其中，通用 I/O 信号是由编程员自定义用途的 I/O 信号，包括按位传输信号的数字 I/O（DI/DO）、按（半）字节或字传输信号的组 I/O（GI/GO）和传输焊接电流、电弧电压等模拟量信号的 AI/AO；专用 I/O 信号则为机器人制造商事先定义 I/O 接口端子用途、用户无法再分配的 I/O 信号，包括末端执行器数字 I/O（RI/RO）、机器人控制器操作面板数字 I/O（SI/SO）和机器人系统就绪、外部启动等状态 I/O（UI/UO）。焊接机器人 I/O 信号种类及功能见表 8-6。

表 8-6 焊接机器人 I/O 信号种类及功能

I/O 信号种类		I/O 功能说明
通用 I/O 信号	DI/DO 信号	通过物理信号接线从周边（工艺）辅助设备进行数据交换的标准数字信号，信号的状态分为 ON（接通）和 OFF（断开）两种，如电磁阀状态监控等
	GI/GO 信号	汇总多条物理信号接线进行数据交换的通用数字信号，信号的状态用数值（十进制数或十六进制数）表达，转变或逆转变为二进制数后通过信号线交换数据，如焊接参数通道监控等

（续）

I/O 信号种类		I/O 功能说明
通用 I/O 信号	AI/AO 信号	通过扩展模拟 I/O 板卡的物理信号接线来模拟输入/输出电压值交换，当进行信号读写时，将模拟输入/输出电压值转换为数值，转换后的数值与输入/输出电压值存在一定的误差，如焊接电流监控等
专用 I/O 信号	RI/RO 信号	经由机器人，作为末端执行器 I/O 信号被使用的专用数字信号，在末端执行器 I/O 接口与机器人手腕上附带的连接器连接后使用，如机器人夹持器监控等
	SI/SO 信号	用来进行机器人控制器操作面板上的按钮和指示灯状态数据交换的专用数字信号，信号的输入随操作面板上的按钮 ON/OFF 而定，输出时控制操作面板上的 LED 指示灯 ON/OFF，如报警信号等
	UI/UO 信号	在机器人系统中已经确定其用途的专用数字信号，主要用来从外部对机器人进行远程控制，如启动、暂停和再启动等

注：专用 I/O 信号出厂时内部接线已完成，通用 I/O 信号则需要编程员完成 I/O 端子与周边（工艺）辅助设备回路连接。

FANUC R-30iB 系列机器人控制器出厂时默认配置的专用 I/O 信号包含 8 个 RI、8 个 RO，16 个 SI、16 个 SO 和 18 个 UI、20 个 UO 专用 I/O 信号。通用 I/O 信号的数量视机器人控制器型号和扩展 I/O 板卡而定。A-Cabinet 标准配置 MA 型扩展 I/O 板卡，拥有 20 个 DI、16 个 DO，经由 CRMA52A、CRMA52B 接口与周边（工艺）辅助设备进行 I/O 通信；B-Cabinet 标准配置 JB 型扩展 I/O 板卡，拥有 40 个 DI、40 个 DO，经由 CRMA5A、CRMA5B 接口与周边（工艺）辅助设备进行 I/O 通信；Mate Cabinet 主板标准配置 28 个 DI、24 个 DO，经由 CRMA15、CRMA16 接口与周边（工艺）辅助设备进行 I/O 通信；Open-Air Cabinet 主板标准配置 20 个 DI、20 个 DO，经由 CRMA62、CRMA63 接口与周边（工艺）辅助设备进行 I/O 通信。编程员可以通过 I/O 界面实时查看机器人通用 I/O 信号和专用 I/O 信号的状态，如图 8-24 所示。

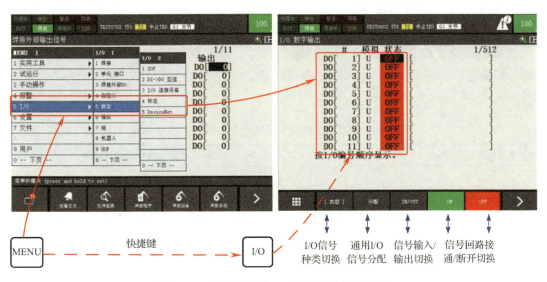

图 8-24　焊接机器人 I/O 信号状态显示界面

为区分物理信号接线，将通用 I/O 信号和专用 I/O 信号统称为逻辑信号，而将实际的 I/O 端子信号称作物理信号。在机器人任务程序中，编程员可以通过信号处理指令对逻辑信号进行输入（读取）或输出操作。如何建立逻辑信号与物理信号间的关联，即通过信号处理指令监控实际的 I/O 端子信号，这需要进行 I/O 信号分配。以 FANUC R-30iB 系列机器人控制器为例，该型控制器标准配置的逻辑信号包含 512 个 DI、512 个 DO，Mate Cabinet 主板标配的 28 个 DI（in1～in28）、24 个 DO（out1～out24）物理信号被分配映射到 DI[101]～DI[120]、DO[101]～DO[120]，以及 DI[81]～DI[88]、DO[81]～DO[84] 等逻辑信号。其中，DI[81]～DI[88]8 个逻辑输入信号被默认分配给简配的 8 个 UI 专用 I/O 信号，DO[81]～DO[84]4 个逻辑输出信号被默认分配给简配的 4 个 UO 专用 I/O 信号。简而言之，Mate Cabinet 主板可供编程员自定义的物理信号仅剩 20 个通用 DI 和 20 个通用 DO。

> » 编程员可以通过 I/O 信号分配建立逻辑信号与物理信号间的关联。I/O 信号分配前，需查阅机器人控制器说明书，正确进行 I/O 端子信号接线。
> » 当机器人控制器主板集成的 I/O 端子数量无法满足应用时，编程员可以通过扩展独立的数字 I/O 板卡和模拟 I/O 板卡予以补充。
> » 为给客户提供多样化且便捷性的集成选择，除通过 I/O 接口的点对点通信方式外，机器人制造商和周边配套工艺设备制造商还开发了支持现场总线（如 DeviceNet）和工业以太网通信（如 EtherNet/IP）等主流通信方式的接口。

8.2.3　机器人信号处理指令

信号处理指令是改变焊接机器人控制器向周边（工艺）辅助设备输出信号状态，或读取输入信号状态的指令，包括数字 I/O 指令（DI/DO）、模拟 I/O 指令（AI/AO）和机器人 I/O 指令（RI/RO）等。以焊接机器人的自动剪丝为例，编程员可以使用数字输出指令改变指定 I/O 端子的输出状态，以实现对自动清枪器剪丝的启停控制，如 DO[101：wire cutting]=ON。焊接机器人的信号处理指令功能、格式及示例见表 8-7。

表 8-7　焊接机器人的信号处理指令功能、格式及示例

序号	信号处理指令	指令功能	FANUC 机器人指令格式及示例
1	数字输入	获取指定通用数字 I/O 端子的信号状态	格式： R[寄存器号码]=DI[数字输入端子编号：注释] 示例： R[1]=DI[101: nozzle clamp open] // 按位读取 101# 通用 I/O 端子（夹紧气缸松开）的输入信号状态，存入寄存器 R[1]

（续）

序号	信号处理指令	指令功能	FANUC 机器人指令格式及示例

2	数字输出	向指定通用数字 I/O 端子输出一个信号，或在一段指定的时间内转换通用数字 I/O 端子的信号状态	格式一：
			DO[数字输出端子编号：注释]=[数值]
			示例：
			DO[101: wire cutting]=ON
			// 改变 101# 通用 I/O 端子（启动剪丝）的输出信号状态为 ON，即触发机器人焊枪自动剪丝动作
			格式二：
			DO[端子编号：注释]=PULSE, [时间]
			示例：
			DO[103: wire feeding]=PULSE, 1.5sec
			// 向 103# 通用 I/O 端子（送丝）输出高电平信号，待 1.5s 后，改变端子输出信号为低电平

3	机器人输入	获取指定专用 I/O 端子的信号状态	格式： R [寄存器号码]=RI[机器人输入端子编号：注释] 示例： R[1]=RI[1: hand open] // 按位读取 1# 专用 I/O 端子（夹持器张开）的输入信号状态，存入寄存器 R[1]

4	机器人输出	向指定专用 I/O 端子输出一个信号，或在一段指定的时间内转换专用 I/O 端子的信号状态	格式一：
			RO[数字输出端子编号：注释]=[数值]
			示例：
			RO[1: hand open]=ON
			// 改变 1# 专用 I/O 端子（夹持器张开）的输出信号状态为 ON，即触发机器人末端执行器（夹持器）张开
			格式二：
			RO[端子编号：注释]=PULSE, [时间]
			示例：
			RO[2: hand close]=PULSE, 1.0sec
			// 向 2# 专用 I/O 端子（夹持器闭合）输出高电平信号，待 1s 后，改变端子输出信号为低电平

5	模拟输入	获取指定通用模拟 I/O 端子的信号状态	格式： R [寄存器号码]=AI[模拟输入端子编号：注释] 示例： R[1] = AI[1: welding current] // 读取 1# 模拟 I/O 端子（焊接电流）的输入信号状态，存入寄存器 R[1]

（续）

序号	信号处理指令	指令功能	FANUC 机器人指令格式及示例
6	模拟输出	向指定通用模拟 I/O 端子输出信号	格式： AO[模拟输出端子编号：注释]=[数值] 示例： AO[1: welding current]=245 // 改变 1# 模拟 I/O 端子（焊接电流）的输出信号为 245A
7	组输入	获取指定通用数字 I/O 端子组的信号状态	格式： R[寄存器号码]=AI[数字输入端子组编号：注释] 示例： R[1]=GI[1: welding channel] // 读取 1# 数字输入端子组（焊接通道）的输入信号状态，存入寄存器 R[1]
8	组输出	向指定通用数字 I/O 端子组输出信号	格式： GO[数字输出端子组编号：注释]=[数值] 示例： GO[1: welding channel]=32 // 调用焊接电源 32# 通道的预设焊接参数

注：FANUC 机器人信号处理指令包括按位数字输入输出指令 DI/DO 和按字（或字节）数字输入输出指令 GIGO。

在实际任务编程时，焊接机器人的信号处理指令既可以与运动轨迹的示教同步，又可以滞后于运动轨迹。此过程需要经常插入信号处理指令、变更或删除任务程序中已记忆的信号处理指令。FANUC 机器人信号处理指令的编辑方法见表 8-8。

表 8-8　FANUC 机器人信号处理指令的编辑方法

编辑类别	编辑方法
插入信号处理指令	1）插入空白行。在手动模式下，使用【方向键】移动光标至待插入信号处理指令的下一行行号，按需点按 NEXT 【翻页键】，依次选择界面功能菜单（图标）栏的"编辑"→"插入"，根据界面底部提示信息，使用【数字键】输入插入行数，按 ENTER 【回车键】确认 2）插入信号处理指令。移动光标至待插入指令所在行的行号，依次选择界面功能菜单（图标）栏的"指令"→"I/O"，弹出 I/O 指令语法菜单，选择合适的信号处理指令，按 ENTER 【回车键】确认，指令语句被插入到光标所在行 3）配置指令参数。移动光标至插入指令的相关参数处，合适设置 I/O 端子（组）编号、信号状态和注释等指令参数，并按 ENTER 【回车键】确认，如图 8-25 所示
变更信号处理指令	1）移动光标位置。在手动模式下，使用【方向键】移动光标至待变更信号处理指令的参数处 2）修改指令参数。根据变更参数类型的不同，合理选择界面功能菜单（图标）栏的选项，完成指令参数的重新配置，并按 ENTER 【回车键】确认

（续）

编辑类别	编辑方法
删除信号处理指令	1）移动光标位置。在手动模式下，使用【方向键】移动光标至待删除信号处理指令所在行的行号 2）选择删除选项。按需点按 NEXT【翻页键】，依次选择界面功能菜单（图标）栏的"编辑"→"删除"，此时界面底部弹出"是否删除行？"提示 3）删除指令语句。点按 F4【功能菜单】（是），确认删除光标所在行的信号处理指令语句

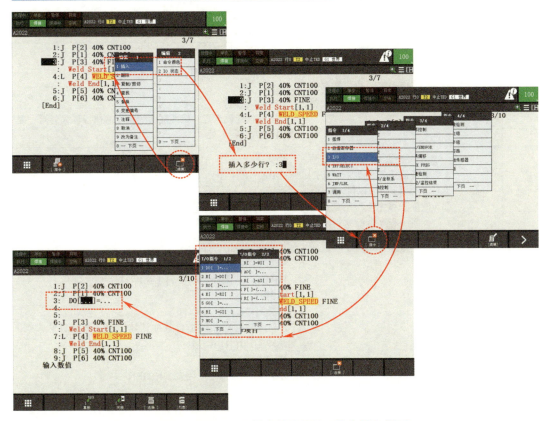

图 8-25　FANUC 机器人的信号处理指令插入界面

8.2.4　机器人流程控制指令

机器人焊接作业动作次序的规划涉及焊接机器人和工艺及辅助功能设备等，系统各生产要素何时动作、设备之间又传递何种信号等任务程序的结构逻辑设计至关重要。流程控制指令是使机器人任务程序的执行从程序某一行转移到其他（程序的）行，以改变焊接机器人系统设备执行动作顺序的指令，包括跳转指令（IF、JUMP、CALL、LBL）和等待指令（WAIT）等。以机器人焊枪的自动清洁为例，只有收到自动清枪器的夹紧气缸松开信号为低电平时，焊接机器人控制器方可输出"启动清枪"指令；同时，也只有判定自动清枪器的夹紧气缸松开信号为高电平时，机器人携带焊枪方可移至或离开清枪位置。常见的焊接机器人流程控制指令功能、格式及示例见表 8-9。

表 8-9　常见的焊接机器人流程控制指令功能、格式及示例

序号	流程控制指令	指令功能	FANUC 机器人指令示例
1	标签定义	指定程序跳转的地址	格式： LBL [标签号] 示例： LBL[1] R[1]=R[1]+1 IF R[1] < 10, JMP LBL[1] // 利用数值寄存器 R[1] 累加计数至 10，如果计数未到，则跳转至 LBL[1] 标签处
2	无条件跳转	使程序的执行转移到同一程序内所指定的标签	格式： JUMP LBL [标签号] 示例： JUMP LBL[1] // 一旦指令被执行，就必定会使程序的执行转移到同一程序内 LBL[1] 标签处
3	调用指令	使程序的执行转移到其他任务程序（子程序）的第 1 行后执行该程序。待子程序执行结束，返回主程序继续执行后续指令	格式： CALL [文件名] 示例： IF DI[101: nozzle clamp open] = OFF, CALL TORCH_CLEANING // 当自动清枪器的夹紧气缸松开信号为低电平时，调用并执行机器人焊枪自动清洁程序

4	条件跳转	根据指定条件是否已经满足而使程序的执行从某一行转移到其他（程序的）行	格式一：
			IF[因素 1][条件][因素 2], [执行 1]
			示例：
			IF R[1]<10, JMP LBL[1]
			// 利用数值寄存器 R[1] 累加计数至 10，如果计数未到，则跳转至 LBL[1] 标签处
			格式二：
			IF([因素 1][条件][因素 2]) THEN
			[执行 1]
			ELSE
			[执行 2]
			ENDIF
			示例：
			IF (R [1] >= 500) THEN
			R [1] = 0
			CALL WIRE_CUTTING
			CALL TORCH_CLEANING
			ELSE
			JMP LBL[1]
			ENDIF
			// 如果数值寄存器 R[1] 大于或等于 500，则先后执行清零、调用机器人自动剪丝和焊枪自动清洁程序；反之，跳转至 LBL[1] 标签处

(续)

序号	流程控制指令	指令功能	FANUC 机器人指令示例

5	等待指令	在所指定的时间，或条件得到满足之前使程序的执行等待	格式一：
			WAIT [时间值]
			示例：
			DO[102: torch cleaning]=ON
			WAIT 3.00(sec)
			DO[102: torch cleaning]=OFF
			// 启动机器人焊枪自动清洁，持续时间为 3s，等待气马达带动铰刀旋转上升，去除粘堵在喷嘴与导电嘴之间的飞溅
			格式二：
			WAIT [输入端子名称][条件][输入数值] T=[时间值]
			示例：
			WAIT DI[101: nozzle clamp open]=ON
			L P[5] 50cm/min FINE
			// 当自动清枪器的夹紧气缸松开信号为高电平时，机器人携带焊枪离开清枪位置

注：焊接机器人条件跳转指令的种类视机器人品牌而定，如 FANUC 机器人包含 IF 和 SELECT 两种指令。

与信号处理指令类似，焊接机器人的流程控制指令既可以与运动轨迹的示教同步，又可以滞后于运动轨迹。在实际任务编程过程中，编程员需要经常插入流程控制指令、变更或删除任务程序中已记忆的流程控制指令。FANUC 机器人流程控制指令的编辑方法见表 8-10。

表 8-10　FANUC 机器人流程控制指令的编辑方法

编辑类别	编辑方法
插入流程控制指令	1）插入空白行。在手动模式下，使用【方向键】移动光标至待插入流程控制指令的下一行行号，按需点按 NEXT 【翻页键】，依次选择界面功能菜单（图标）栏的"编辑"→"插入"，根据界面底部提示信息，使用【数字键】输入插入行数，按 ENTER 【回车键】确认 2）插入流程控制指令。移动光标至待插入指令所在行的行号，依次选择界面功能菜单（图标）栏的"指令"→"WAIT（视指令需求而定）"，弹出指令语法菜单，选择合适的流程控制指令，按 ENTER 【回车键】确认，指令语句被插入到光标所在行 3）配置指令参数。移动光标至插入指令的相关参数处，合适设置条件、标签号等指令参数，并按 ENTER 【回车键】确认，如图 8-26 所示
变更流程控制指令	1）移动光标位置。在手动模式下，使用【方向键】移动光标至待变更流程控制指令的参数处 2）修改指令参数。根据变更参数类型的不同，合理选择界面功能菜单（图标）栏的选项，完成指令参数的重新配置，并按 ENTER 【回车键】确认

（续）

编辑类别	编辑方法
删除流程控制指令	1）移动光标位置。在手动模式下，使用【方向键】移动光标至待删除流程控制指令所在行的行号 2）选择删除选项。按需点按 NEXT【翻页键】，依次选择界面功能菜单（图标）栏的"编辑"→"删除"，此时界面底部弹出"是否删除行？"提示 3）删除指令语句。点按 F4【功能菜单】（是），确认删除光标所在行的流程控制指令语句

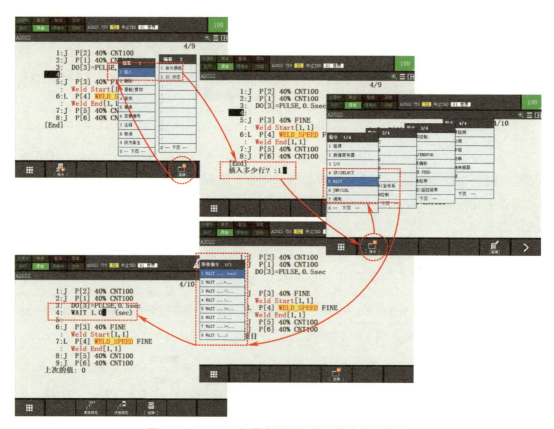

图 8-26　FANUC 机器人的流程控制指令插入界面

任务分析

本任务要求完成机器人连续熔焊作业后，机器人焊枪喷嘴内壁附着物（飞溅）的自动清除和焊丝球状端头的自动剪断。基于模块化编程思维，分别创建机器人焊接、机器人焊枪清洁（喷油）和机器人自动剪丝三套任务程序，并通过机器人焊接任务程序（主程序）调用机器人焊枪自动清洁（喷油）和机器人焊枪自动剪丝两套任务程序（子程序）。整个机器人任务、运动路径和焊枪姿态规划如图 8-27 所示。其中，骑坐式管-

板 T 形接头机器人船形焊任务的示教点及程序分别参见表 8-3 和表 8-4。机器人焊枪自动剪丝和自动清洁（喷油）的任务示教点用途见表 8-11 和表 8-12。在实际示教时，可以按照图 3-15 所示的流程进行示教编程。

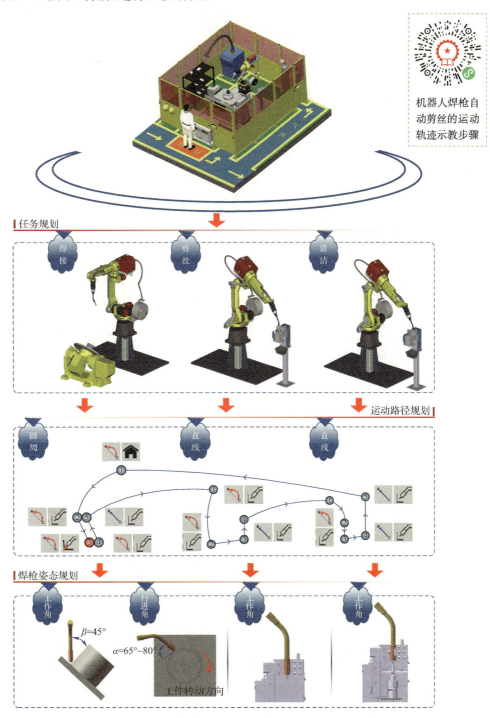

机器人焊枪自动剪丝的运动轨迹示教步骤

图 8-27　骑坐式管－板 T 形接头船形焊的机器人任务、运动路径和焊枪姿态规划

表 8-11　机器人自动剪丝任务的示教点

示教点	备注	示教点	备注
①	中间路径点	③	剪丝点
②	剪丝临近点	④	剪丝回退点

表 8-12　机器人焊枪清洁（喷油）任务的示教点

示教点	备注	示教点	备注	示教点	备注
①	中间路径点	③	清枪临近点	⑤	清枪回退点
②	清枪临近点	④	清枪点		

任务实施

（1）示教前的准备　开始任务示教前，请做如下准备：

1）工件表面清理。核对钢管和试板的几何尺寸后，将待焊区域表面铁锈和油污等杂质清理干净。

2）接头组对点固。使用手工电弧焊（如氩弧焊）沿钢管内壁（或外壁）将组对好的管-板接头定位焊点固。

3）工件装夹与固定。选择合适的夹具将待焊试件固定在焊接工作台上。

4）机器人系统原点确认。执行机器人控制器内存储的原点程序，让机器人系统各运动轴返回原点位置（如机器人本体轴 J5=-90°、J1=J2=J3=J4=J6=0° 和工装轴 J1=J2=0°）。

5）机器人坐标系设置。参照项目 4 设置焊接机器人工具坐标系和工件（用户）坐标系编号。

6）新建任务程序。针对机器人焊枪自动剪丝和机器人焊枪自动清洁（喷油）任务，参照项目 3 分别创建文件名为"WIRE_CUTTING"和"TORCH_CLEANING"两套焊接程序文件。

（2）运动轨迹示教　按照图 8-27 所示的机器人任务、运动路径和焊枪姿态规划，先后完成机器人焊接、机器人焊枪自动剪丝和机器人焊枪自动清洁（喷油）任务的运动轨迹示教。骑坐式管-板 T 形接头机器人船形焊任务的运动轨迹示教参见任务 8.1，不再赘述。针对机器人焊枪自动剪丝任务，点动机器人依次通过中间路径点 P[1]、剪丝临近点 P[2]、剪丝点 P[3] 和剪丝回退点 P[4] 等四个目标位置点，并记忆示教点的位姿信息，如图 8-28 和图 8-29 所示；针对机器人焊枪自动清洁（喷油）任务，点动机器人依次通过中间路径点 P[1]、清枪临近点 P[2]、清枪临近点 P[3]、清枪点 P[4] 和清枪回退点 P[5] 等五个目标位置点，并记忆示教点的位姿信息，如图 8-30 和图 8-31 所示。具体示教步骤请扫描二维码查阅。编制完成的机器人焊枪自动剪丝和机器人焊枪自动清洁（喷油）任务程序见表 8-13 和表 8-14。

机器人焊枪自动清洁（喷油）的运动轨迹示教步骤

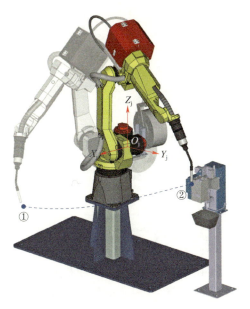
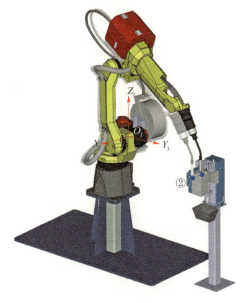

图 8-28　点动机器人至剪丝临近点 P[2]　　　图 8-29　点动机器人至剪丝点 P[3]

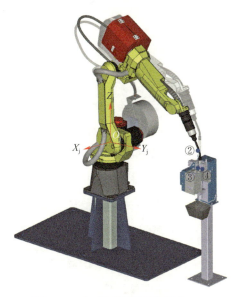

图 8-30　点动机器人至清枪临近点 P[2]　　　图 8-31　点动机器人至清枪点 P[4]

表 8-13　机器人焊枪自动剪丝任务程序

行号码	指令语句	备注
1:	UTOOL_NUM = 1	工具坐标系（焊枪）选择
2:	J P[1] 80% FINE	中间路径点
3:	J P[2] 30% FINE	剪丝临近点
4:	L P[3] 50cm/min FINE	剪丝点
5:	L P[4] 50cm/min FINE	剪丝回退点
[End]		程序结束

表 8-14 机器人焊枪自动清洁（喷油）任务程序

行号码	指令语句	备注
1:	UTOOL_NUM = 1	工具坐标系（焊枪）选择
2:	J P[1] 80% FINE	中间路径点
3:	J P[2] 30% FINE	清枪临近点
4:	L P[3] 50cm/min FINE	清枪临近点
5:	L P[4] 50cm/min FINE	清枪点
6:	L P[5] 50cm/min FINE	清枪回退点
[End]		程序结束

（3）动作次序示教 根据任务要求，机器人自动清枪器的清洁、喷油和剪丝功能均需由机器人控制器直接控制，即利用机器人信号处理指令和流程控制指令实现焊接机器人与自动清枪器的动作次序控制。机器人自动剪丝的动作逻辑可以参考图 8-20，其动作次序示教要领见表 8-15。机器人焊枪自动清洁（喷油）的动作逻辑可以参考图 8-22，其动作次序示教要领见表 8-16。

表 8-15 机器人自动剪丝动作次序的示教要领

示教内容	示教要领
在剪丝临近点焊丝自动送进	1）加载任务程序。在手动模式下，使用 [SELECT]【一览键】和【方向键】选择并加载本任务新创建的"WIRE_CUTTING"程序 2）插入空白行。移动光标至剪丝临近点 P[2] 所在行的下一行行号，点按 [NEXT]【翻页键】，依次选择界面功能菜单（图标）栏的"编辑"→"插入"，根据界面底部提示信息，使用【数字键】输入插入行数（二行），按 [ENTER]【回车键】确认 3）插入等待（延时）指令。移动光标至剪丝临近点 P[2] 所在行的下一行行号，点按 [NEXT]【翻页键】，依次选择界面功能菜单（图标）栏的"指令"→"WAIT"，弹出等待指令语法菜单，选择"WAIT…(sec)"，按 [ENTER]【回车键】确认，指令语句被插入到剪丝临近点 P[2] 所在行的下一行，使用【数字键】输入等待时间 1s（等待机器人携带焊枪移至剪丝临近点平稳），完成"WAIT 1.00(sec)"指令语句输入 4）插入焊丝自动送进指令。移动光标至等待指令"WAIT 1.00(sec)"所在行的下一行行号，依次选择界面功能菜单（图标）栏的"指令"→"I/O"，弹出信号处理指令语法菜单，选择"DO[…]=…"，按 [ENTER]【回车键】确认，指令语句被插入到等待指令所在行的下一行，根据任务 I/O 配置说明输入端子编号和输出值，完成"DO[103: wire feeding]= PULSE, 1.5sec"指令语句输入，如图 8-32 所示

（续）

示教内容	示教要领
在剪丝点焊丝自动剪断	1）插入空白行。在手动模式下，移动光标至剪丝点 P[3] 所在行的下一行行号，点按 NEXT【翻页键】，依次选择界面功能菜单（图标）栏的"编辑"→"插入"，根据界面底部提示信息，使用【数字键】输入插入行数（四行），按 ENTER【回车键】确认 2）插入等待（延时）指令。移动光标至剪丝点 P[3] 所在行的下一行行号，点按 NEXT【翻页键】，依次选择界面功能菜单（图标）栏的"指令"→"WAIT"，弹出等待指令语法菜单，选择"WAIT…(sec)"，按 ENTER【回车键】确认，指令语句被插入到剪丝点 P[3] 所在行的下一行，使用【数字键】输入等待时间 1s（等待机器人携带焊枪移至剪丝点平稳），完成"WAIT 1.00(sec)"指令语句输入 3）插入机器人自动剪丝开始指令。移动光标至等待指令"WAIT 1.00(sec)"所在行的下一行行号，依次选择界面功能菜单（图标）栏的"指令"→"I/O"，弹出信号处理指令语法菜单，选择"DO[…]=…"，按 ENTER【回车键】确认，指令语句被插入到等待指令所在行的下一行，根据任务 I/O 配置说明输入端子编号和输出值，完成"DO[101: wire cutting]=ON"指令语句输入 4）插入等待（延时）指令。移动光标至机器人自动剪丝开始指令所在行的下一行行号，依次选择界面功能菜单（图标）栏的"指令"→"WAIT"，弹出等待指令语法菜单，选择"WAIT…(sec)"，按 ENTER【回车键】确认，指令语句被插入到机器人自动剪丝开始指令所在行的下一行，使用【数字键】输入等待时间 0.5s（等待气马达带动铰刀旋转上升去除飞溅），完成"WAIT 0.50(sec)"指令语句输入 5）插入机器人自动剪丝结束指令。移动光标至等待指令"WAIT 0.50(sec)"所在行的下一行行号，依次选择界面功能菜单（图标）栏的"指令"→"I/O"，弹出信号处理指令语法菜单，选择"DO[…]=…"，按 ENTER【回车键】确认，指令语句被插入到等待指令所在行的下一行，根据任务 I/O 配置说明输入端子编号和输出值，完成"DO[101: wire cutting]=OFF"指令语句输入，如图 8-32 所示

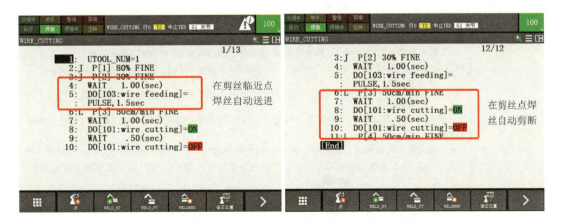

图 8-32 FANUC 机器人自动剪丝任务程序示例

表 8-16 机器人焊枪自动清洁（喷油）动作次序的示教要领

示教内容	示教要领
在清枪临近点判定夹紧气缸状态	1）加载任务程序。在手动模式下，使用 [SELECT]【一览键】和【方向键】选择并加载本任务新创建的"TORCH_CLEANING"程序 2）插入空白行。移动光标至清枪临近点 P[2] 所在行的下一行行号，点按 [NEXT]【翻页键】，依次选择界面功能菜单（图标）栏的"编辑"→"插入"，根据界面底部提示信息，使用【数字键】输入插入行数（默认为一行），按 [ENTER]【回车键】确认 3）插入等待指令。移动光标至清枪临近点 P[2] 所在行的下一行行号，点按 [NEXT]【翻页键】，依次选择界面功能菜单（图标）栏的"指令"→"WAIT"，弹出等待指令语法菜单，选择【WAIT ... = ...】→【DI[...]】，按 [ENTER]【回车键】确认，指令语句被插入到清枪临近点所在行的下一行，根据任务 I/O 配置说明输入端子编号和输出值，完成"WAIT DI[101: nozzle clamp open]= ON"指令语句输入，如图 8-33 所示
在清枪点自动清洁焊枪	1）插入空白行。在手动模式下，移动光标至清枪点 P[4] 所在行的下一行行号，点按 [NEXT]【翻页键】，依次选择界面功能菜单（图标）栏的"编辑"→"插入"，根据界面底部提示信息，使用【数字键】输入插入行数（五行），按 [ENTER]【回车键】确认 2）插入等待（延时）指令。移动光标至清枪点 P[4] 所在行的下一行行号，点按 [NEXT]【翻页键】，依次选择界面功能菜单（图标）栏的"指令"→"WAIT"，弹出等待指令语法菜单，选择"WAIT...(sec)"，按 [ENTER]【回车键】确认，指令语句被插入到清枪点 P[4] 所在行的下一行，使用【数字键】输入等待时间 1s（等待机器人携带焊枪移至清枪点平稳），完成"WAIT 1.00(sec)"指令语句输入 3）插入焊枪自动清洁开始指令。移动光标至等待指令"WAIT 1.00(sec)"所在行的下一行行号，依次选择界面功能菜单（图标）栏的"指令"→"I/O"，弹出信号处理指令语法菜单，选择"DO[...]=..."，按 [ENTER]【回车键】确认，指令语句被插入到等待指令所在行的下一行，根据任务 I/O 配置说明输入端子编号和输出值，完成"DO[102: torch cleaning]=ON"指令语句输入 4）插入等待（延时）指令。移动光标至焊枪自动清洁开始指令所在行的下一行行号，依次选择界面功能菜单（图标）栏的"指令"→"WAIT"，弹出等待指令语法菜单，选择"WAIT...(sec)"，按 [ENTER]【回车键】确认，指令语句被插入到焊枪自动清洁开始指令所在行的下一行，使用【数字键】输入等待时间 3s（等待气马达带动铰刀旋转上升去除飞溅），完成"WAIT 3.00(sec)"指令语句输入 5）插入焊枪自动清洁结束指令。移动光标至等待指令"WAIT 3.00(sec)"所在行的下一行行号，依次选择界面功能菜单（图标）栏的"指令"→"I/O"，弹出信号处理指令语法菜单，选择"DO[...]=..."，按 [ENTER]【回车键】确认，指令语句被插入到等待指令所在行的下一行，根据任务 I/O 配置说明输入端子编号和输出值，完成"DO[102: torch cleaning]=OFF"指令语句输入

(续)

示教内容	示教要领
在清枪点自动清洁焊枪	6）插入等待指令。移动光标至焊枪自动清洁结束指令所在行的下一行行号，依次选择界面功能菜单（图标）栏的"指令"→"WAIT"，弹出等待指令语法菜单，选择【WAIT … = …】→【DI[…]】，按 ENTER【回车键】确认，指令语句被插入到焊枪自动清洁结束指令所在行的下一行，根据任务 I/O 配置说明输入端子编号和输出值，完成"WAIT DI[101: nozzle clamp open]=ON"指令语句输入，如图 8-33 所示

注：在实际焊接过程中，根据焊接材料和飞溅量大小合理设置机器人焊枪清洁次数（仅需要复制指令语句块"插入等待延时指令→插入焊枪自动清洁开始指令→插入等待延时指令→插入焊枪自动清洁结束指令"），以保证获得良好的清洁效果。

图 8-33　FANUC 机器人焊枪自动清洁任务程序示例

待完成机器人自动剪丝和焊枪自动清洁动作次序示教后，还需要在主程序"FLAT_FILLET_WELD"中适时调用"WIRE_CUTTING"和"TORCH_CLEANING"子程序。通过使用流程控制指令和数据运算指令实现焊接一定数量（如 500 件）的工件方可启动机器人自动剪丝和焊枪自动清洁，编制完成的任务程序见表 8-17。

表 8-17　骑坐式管－板 T 形接头机器人船形焊任务主程序

行号码	指令语句	备注
1:	UTOOL_NUM = 1	工具坐标系（焊枪）选择
2:	R [1] = 0	计数器清零
3:	LBL[1]	焊接任务标识
4:	J P[1] 80% FINE	机器人原点（HOME）
5:	J P[2] 30% FINE	焊接临近点
6:	J P[3] 30% FINE	圆周焊接起始点
:	Weld Start[1, 1]	焊接开始规范和动作次序

（续）

行号码	指令语句	备注
7:	J P[4] 32.3sec FINE	圆周焊接结束点
:	Weld End[1, 2]	焊接结束规范和动作次序
8:	L P[5] 50cm/min FINE	焊接回退点
9:	R [1] = R [1] + 1	完成一次焊接任务，计数器加一
10:	IF (R [1] >= 500) THEN	判断计数器是否达到预设值
11:	R [1] = 0	如果达到，计数器清零
12:	CALL WIRE_CUTTING	调用机器人自动剪丝程序
13:	CALL TORCH_CLEANING	调用焊枪自动清洁程序
14:	ELSE	否则
15:	JMP LBL[1]	跳转至焊接任务标识行
16:	ENDIF	结束条件判断
17:	J P[1] 80% FINE	机器人原点（HOME）
[End]		程序结束

注：机器人焊接条件和动作次序均通过调用焊接数据库方法予以配置；焊接变位机承载工件的转动速度是通过焊接线长度（钢管外壁周长）除以转动一周所需时间予以间接设置。

（4）程序验证与焊枪清洁　为确认机器人 TCP 运动轨迹的合理性和精确度，需要依次进行机器人焊枪自动剪丝和机器人焊枪自动清洁（喷油）任务的单步程序验证和连续测试运转，具体实施步骤详见表 5-5。各任务程序验证无误后，方可进行机器人焊接、自动剪丝和焊枪自动清洁。通过 RSR（机器人启动请求）远程方式自动运转上述任务步骤如下：

1）中止执行中的程序。在手动模式下，点按 [FCTN]【辅助菜单】键，选择【中止程序】。

2）加载任务主程序。使用 [SELECT]【一览键】和【方向键】选择并加载 "RSR0001" 程序。

3）调用任务子程序。移动光标至 CALL 指令参数处，选择界面功能菜单（图标）栏的 "选择"，变更调用任务程序为 FLAT_FILLET_WELD。

4）启用焊接引弧功能。点按 [SHIFT]【上档键】+ [WELD ENBL]【引弧键】组合键，界面左上角的状态栏指示灯 [焊接]（灯亮），表明焊接引弧功能启用。

5）调整速度倍率。点按 [+%]【倍率键】，切换机器人运动速度的倍率档位至 100%。

项目 8　未来可期，焊接机器人工艺辅助设备的编程与调试

6）示教盒置无效状态。切换示教盒【使能键】至"OFF"位置（无效）。

7）选择自动模式。切换机器人控制器操作面板的【模式旋钮】至"AUTO"位置（自动模式）。

8）自动运转程序。点按焊接机器人系统外部集中控制盒上的【启动按钮】，自动运转执行任务程序，待机器人连续熔焊作业时间或循环次数达到阈值，将执行机器人自动剪丝和焊枪自动清洁任务，如图 8-34 所示。

机器人自动剪丝和焊枪自动清洁任务编程

> » 机器人启动请求（RSR）是从外部操作盒等周边装置通过机器人 UI/UO 端子信号来选择并启动程序的一种远程控制功能。该功能可以使用 UI[9] ～ UI[6]（RSR1 ～ RSR8）共 8 个系统专用 I/O 信号，且任务程序命名须严格按照"RSR"+ 程序号码（四位数）的格式，如 RSR0001。

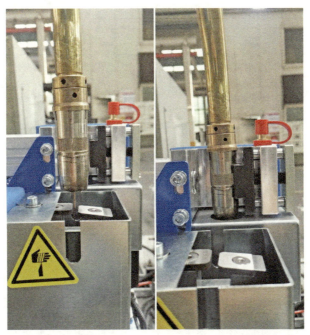

a）自动剪丝　　　b）焊枪自动清洁（喷油）

图 8-34　机器人自动剪丝和焊枪自动清洁

◎ 任务评价

本任务要求是完成机器人连续熔焊作业过程中机器人焊枪喷嘴内壁附着物（飞溅）的自动清除和焊丝球状端头的自动剪断。重点检查学生针对以自动清枪器为典型代表的机器人周边（工艺）辅助设备的动作次序编程与调试，见表 8-18。同时，为培养良好的职业素养，对任务实施过程中学生的操作规范性和安全文明生产等进行考核。

表 8-18　机器人焊枪自动清洁编程调试评分标准

检查项目	标准分数	质量等级				得分
		I	II	III	IV	
机器人自动剪丝任务示教点	标准	示教点的数量≥4，≤5且位置选择恰当	示教点的数量>5，≤6且位置选择恰当	示教点的数量>6，≤7且位置选择恰当	示教点的数量<4，>7或位置选择不合理	
	分数	10	7	4	0	
焊枪自动清洁（喷油）任务示教点	标准	示教点的数量≥5，≤6且位置选择恰当	示教点的数量>6，≤7且位置选择恰当	示教点的数量>7，≤8且位置选择恰当	示教点的数量<5，>8或位置选择不合理	
	分数	10	7	4	0	
机器人自动剪丝任务动作次序	标准	机器人I/O信号逻辑设计得当，剪丝动作稳准而流畅	机器人I/O信号逻辑设计正确，剪丝动作较为流畅	机器人I/O信号逻辑设计较为合理，基本完成剪丝动作	机器人I/O信号逻辑设计错误，无法完成剪丝动作	
	分数	20	14	8	0	
焊枪自动清洁（喷油）任务动作次序	标准	机器人I/O信号逻辑设计得当，清枪动作稳准而流畅	机器人I/O信号逻辑设计正确，清枪动作较为流畅	机器人I/O信号逻辑设计较为合理，基本完成清枪动作	机器人I/O信号逻辑设计错误，无法完成清枪动作	
	分数	20	14	8	0	
剪丝后的焊丝干伸长度	标准/mm	≥12，≤15	>15，≤16或≥11，<12	>16，≤17或≥10，<11	>17或<10	
	分数	20	14	8	0	
焊枪自动清洁（喷油）效果	标准	焊枪喷嘴内壁无残留附着物	焊枪喷嘴内壁有少量残留附着物	焊枪喷嘴内壁有较多残留附着物	焊枪喷嘴内壁残留大量附着物	
	分数	20	7	4	0	

注：1. 在机器人自动剪丝和焊枪自动清洁（喷油）任务测试中，发生任何机器人碰撞事故，视为任务失败，记 0 分。
2. 职业素养评分采取倒扣分形式：劳保穿戴不符合要求扣 5 分；安全操作不符合要求扣 5 分；文明生产不符合要求扣 5 分。

任务拓展

» 如何利用机器人通用数字 I/O 信号实现自动升降遮光屏的抬起或下降？

📖 拓展阅读

焊接机器人专用 I/O 信号

如上文所述，焊接机器人专用 I/O 信号是出厂前制造商已定义 I/O 接口端子用途而用户无法再分配的 I/O 信号，包含 RI/RO 信号、SI/SO 信号和 UI/UO 信号。其中，UI/UO 信号主要方便机器人用户从外部实时监控系统状态，如外部启动、外部暂停、外部伺服接通等状态输入和系统就绪、系统报警、系统运行中等状态输出。（扫描二维码）

焊接机器人专用 I/O 信号

📋 知识测评

一、填空题

1. 对于熔焊机器人而言，机器人自动清枪器主要包括_____、_____和_____三项功能。

2. 机器人焊枪自动清洁需要一个机器人控制器_____和一个机器人控制器_____，即启动清枪信号和夹紧气缸松开信号。

3. I/O（Input/Output，输入/输出）信号，是焊接机器人与自动清枪器、外部操作盒等周边设备（或装置）进行通信的电信号，分为_____和_____两类。

4. 信号处理指令是改变焊接机器人控制器向周边（工艺）辅助设备输出信号状态，或读取输入信号状态的指令，包括_____、_____和_____等。

二、判断题

1. 焊接机器人自动清枪器的喷油模块既可以与机器人焊枪清洁功能在同一位置实现，构成开放式系统，又可以在不同位置安装独立喷油仓，形成闭合式系统。（　　）

2. 机器人控制器向自动清枪器输出"清枪开始"指令，此时夹紧气缸从定位模块的另一侧将机器人焊枪喷嘴压住，"夹紧气缸松开"信号从低电平转为高电平。（　　）

3. 剪丝时，焊丝距离固定刀片越远，剪丝效果越好。（　　）

4. 实际任务编程时，焊接机器人的信号处理指令既可以与其运动轨迹的示教同步，又可以滞后于运动轨迹。（　　）

5. 骑坐式管-板 T 形接头机器人船形焊的引弧点位置宜设置在 12 点钟方向，且焊接变位机转动范围设置为 360°。（　　）

三、综合实践

尝试使用富氩气体（如 Ar80%+$CO_2$20%）、直径为 1.2mm 的 ER50-6 实心焊丝和 FANUC 焊接机器人，通过合理规划机器人摆动轨迹和焊枪姿态，完成组合式碳素钢 T 形接头角焊缝的机器人船形焊作业（图 8-35，I 形坡口，对称焊接），要求焊缝饱满，焊脚对称且尺寸为 6mm，无咬边和气孔等表面缺陷。

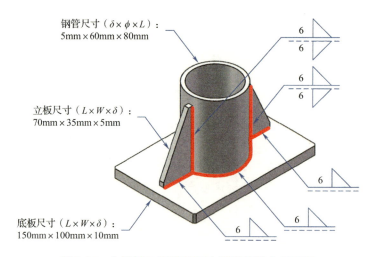

图 8-35 中厚板 T 形接头组合焊缝机器人船形焊

参考文献

[1] 兰虎，王冬云. 工业机器人基础［M］. 北京：机械工业出版社，2020.
[2] 兰虎，邵金均，温建明. 工业机器人编程［M］. 2版. 北京：机械工业出版社，2022.
[3] 兰虎，鄂世举. 工业机器人技术及应用［M］. 2版. 北京：机械工业出版社，2020.
[4] 兰虎，张璞乐，孔祥霞. 焊接机器人编程及应用［M］. 2版. 北京：机械工业出版社，2022.